全国农业职业技能培训教材

对虾苗种繁育技术

（初级、中级、高级）

厦门市海洋与渔业研究所　组织编写

海洋出版社

2017 年 · 北京

图书在版编目（CIP）数据

对虾苗种繁育技术/厦门市海洋与渔业研究所组织编写. —北京：海洋出版社，2017.3

全国农业职业技能培训教材

ISBN 978-5027-9711-9

Ⅰ. ①对… Ⅱ. ①厦… Ⅲ. ①对虾养殖-虾苗-苗种培育-技术培训-教材

Ⅳ. ①S968.22

中国版本图书馆 CIP 数据核字（2017）第 027418 号

责任编辑：朱莉萍　杨　明

责任印制：赵麟苏

海洋出版社　出版发行

http：//www.oceanpress.com.cn

北京市海淀区大慧寺路 8 号　邮编：100081

北京朝阳印刷厂有限责任公司印刷　新华书店发行所经销

2017 年 3 月第 1 版　2017 年 3 月北京第 1 次印刷

开本：787 mm×1092 mm　1/16　印张：17.75

字数：234 千字　定价：48.00 元

发行部：62132549　邮购部：68038093　总编室：62114335

海洋版图书印、装错误可随时退换

农业行业国家职业标准和培训教材
编审委员会组成人员名单

主　　任：曾一春

副主任：唐　珂

委　　员：刘英杰　陈　萍　刘　艳　潘文博

胡乐鸣　王宗礼　王功民　彭剑良

欧阳海洪　崔利锋　金发忠　张　晔

严东权　王久臣　谢建华　朱　良

石有龙　钱洪源　陈光华　杨培生

詹慧龙　孙有恒

《对虾苗种繁育技术》编委会

主　　编：卢小宁
副 主 编：翁忠钗　黄丽莎
编写成员：卢小宁　翁忠钗　黄丽莎　黄永春
　　　　　杨章武　周时强　蔡励勋　王依璐
　　　　　俞秀霞

前　言

　　根据《2015 农业部人才工作要点》关于加快渔业职业技能人才队伍建设，推进现代渔业发展的要求，全国水产技术推广总站组织编写了"为渔民服务"系列丛书。其中，厦门市海洋与渔业研究所承担了《对虾苗种繁育技术》（对虾苗种繁育工职业技能鉴定教材）的编写任务。

　　我国海域南北跨度大，对虾养殖品种多、规模大，对虾养殖已成为我国水产养殖业的支柱产业之一，因此也促进了对虾种苗业的快速发展。随着育苗工艺技术、装备的不断改进和创新开发，对虾种苗业正向专业化、工厂化、规模化发展方式转变。在虾苗业相对集中的地区，对虾种苗业从亲虾培育、种苗生产到销售服务产业链已经形成，产业链信息畅通。亲虾培育、无节幼体生产、虾苗生产、虾苗淡化标粗等各主要生产环节，已经有了专业化的产业链分工；单胞藻、轮虫、卤虫无节幼体等饵料生物也有专业生产，商品化供应服务。与此同时，对虾种苗业产业链的形成，专业分工、市场机制的形成，大大提高了产业的品质和效益。对虾种苗业的发展，对从业人员的职业素质及基础知识、技术水平、实践经验等方面提出了更高的要求。

　　本书按照"服务产业、创新机制、突出重点"的总体要求，依据渔业行业的职业标准和职业技能鉴定考核规范，编写了适应当前对虾

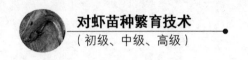

种苗业发展，既针对初、中、高级对虾育苗工必须具备的基础知识和职业技能要求，又可作为渔业行业对虾育苗工职业技能鉴定的教材。

本书的主要内容有：对虾生物学基础知识，对虾育苗设施设备、育苗技术、病害防治，常用检测仪器使用，生产安全以及从业者必须遵守的水产种苗业相关的法律法规、职业道德等。为认识现代水产种苗业良种化、健康化的发展趋势，还介绍了对虾育种基本知识和我国对虾育种概况。

凡纳滨对虾以其生态适应性强、生长快的优良性状，成为目前我国对虾养殖的主导种类，养殖产量占我国对虾养殖总产量的 85% 以上，种苗市场巨大。因此，本书介绍有关育苗生产技术时，侧重以凡纳滨对虾为例，使之内容更具有实用性。

初、中、高三级对虾育苗工必须掌握的基本知识和技能具有高级包含中级、中级包含初级的重叠关系，分级编写教材势必有大量内容重复。为此本书采用在系统编写的基础上，于每一章开头注明初、中、高级必须掌握的内容，每一章思考题也予以相应区分。此外，为了必要的知识延伸或有助于加深理解，还以附件形式编入部分不需要掌握和考核的阅读理解内容，这些内容均有相应的注明。

本书主要作为渔业行业职业技能鉴定的教材，也可作为相关专业技术人员的参考用书。

由于编者水平有限，不足之处在所难免，敬请广大读者提出宝贵建议，以便在今后的修订中改进。

编　者

2016 年 4 月 20 日

目　　录

第一章
职业道德与法律法规

[**内容提要**] 职业道德与法律法规的基本知识；水产种苗业职业道德；水产种苗业法律法规。

[**分级要求掌握的内容**] 初、中、高级工都需全部掌握。

*附 1~9 只作了解阅读，不要求考核。

第一节　职业道德与法律法规的基本知识

一、道德与法律

1. 道德与法律的一般概念

人类社会要和谐有序地向前发展，需要一定的规矩、一定的规则、一定的标准。人类社会在其长期的发展过程中，逐渐形成了关于人们行为的两大规范：道德规范和法律规范。

道德是一定社会向人们提出的处理人与人之间、个人和社会、个人和自

然之间各种关系的一种特殊的行为规范，它以社会舆论、传统习惯、教育和人的信念力量去调整这些关系。道德规范是做人的准则，规范个人行为应该做什么，不应该做什么。由此可见，道德规范是调节社会关系的重要手段。

法律是国家制定或认可的，由国家强制力保证实施的，以规定当事人权利和义务为内容的具有普遍约束力的社会规范，即社会上人与人之间关系的规范。是一种公平的规则，它以正义为其存在的基础。法律规范是保障个人与社会正常秩序的第二道防线，是社会公德的最低标准。

2. 道德和法律既有区别又相辅相成

法律规范依靠的力量是国家政权机构的强制实施，其所形成的威慑力量对人们的社会关系和社会活动进行调控；道德规范则不是由国家强制执行的，它依靠社会舆论的褒贬、人们的良心、教育感化、典型示范等作用进行调控。

道德和法律作用范围不同。法律只干涉人们的违法行为，人们的行为没有违犯法律，法律就不能干涉；道德对人们的行为所干涉范围则要广泛得多、深入得多，法律不能干涉的行为，道德却能发挥相当的作用。

道德和法律相辅相成。"徒善不足以为政，徒法不足以自行。"道德和法律如同车之两轮、鸟之双翼，密切相关，相辅相成，相互配合和支持，共同推动着社会进步。

作为一种他律，法律的主要功能在于"惩恶"，而"扬善"则主要依靠道德的自律来进行，因而在"劝善"方面，法律有着自身的先天不足，需要道德来加以支持；同样，道德也离不开法律的支持与配合。法律是由国家制定并强制实施的行为规范，是道德贯彻的坚强后盾和有力保障。所以，法律讲的主要是人"必须"怎样做的问题，而道德讲的是人"应该"怎样做。

法律作为一种国家评价，对于提倡什么、反对什么，有一个统一的标准，法律包含最低限度的道德；道德是法律的评价标准和推动力量，为法律的实施鸣锣开道。法律的机制和运作必须要以正确的思想道德观念为指导。

道德和法律历来是维护社会秩序两种软硬相济的手段。道德是法律的精神支柱，法律是道德的权力支柱，二者的共同目的是把人的行为纳入到符合社会所提倡的行为规则上来。

二、职业、职业责任和职业道德

1. 职业的概念

人类社会进步和发展产生了劳动分工，劳动分工产生了职业，这是一种社会历史现象。所谓的职业，是指由于社会分工而形成法人具有特定专业和专门职责，并以所得收入作为主要生活来源的工作。职业具有目的性、社会性、稳定性、规范性和群体性，任何一种职业都是职业职责、职业权利和职业利益的统一体。

职业、工种和岗位是将职业按不同需要或要求进行具体划分。一般来说，一个职业包括一个或几个工种，一个工种又包括一个或几个岗位。

2. 职业责任

职业责任是指人们在一定职业活动中承担的特定的职责，它包括人们应该做的工作以及应该承担的义务。职业活动是人一生中最基本的社会活动，凡是社会所需求的职业，社会都给予规定了具体的职业要求即职业责任，不存在没有责任的职业。从事职业活动的当事人是否履行自己的职业责任，是考量这个当事人是否称职、是否认真工作的尺度。

3. 职业道德

为了确保职业活动的正常进行，必须建立调整职业活动中发生的各种关

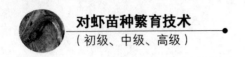

系的规范，这就是职业道德。职业道德不仅是从业人员在职业活动中的行为标准和要求，而且是本行业对社会所承担的道德责任和义务，是社会道德在职业生活中的具体化。

4. 职业道德的社会作用

（1）调节行业内从业人员之间及其与服务对象之间的关系

职业道德的基本职能是调节职能，它运用职业道德规范约束职业内部从业人员的行为，调节从业人员内部的关系，促进职业内部人员的合作，达到团结、互助、爱岗、敬业，共同推进职业发展的目的。另外，职业道德又可以调节从业人员和服务对象之间的关系，构建对顾客负责、对用户负责的诚信的商业社会。

（2）维护和提高本行业的信誉

一个行业或企业的社会形象或商业信誉，主要体现在产品的质量和服务的质量（包括社会责任），而从业人员的职业道德是产品质量和服务质量的根本保障。

（3）促进本行业的发展

在充分竞争的商业社会，良好的职业道德才能赢得市场，降低交易成本，为从业人员和本行业带来持续、可靠的经济效益，这是行业可持续发展的重要前提。

（4）提高全社会的道德水平

职业道德是社会道德的重要组成部分。职业道德不仅是从业者对待职业、对待工作的态度，也是从业人员价值观念的表现。职业道德是人的道德意识，是道德行为发展的成熟阶段，具有较强的稳定性和连续性。从业人员良好的职业道德，对提高社会整体道德水平具有重要作用。

第二节　水产种苗业职业道德

一、保证苗种质量安全是从业者基本的职业操守

职业操守是人们在职业活动中所遵守的行为规范的总和，是人们在从事职业活动中必须遵从的最低道德底线和行业规范。职业操守既是对从业人员在职业活动中的行为要求，又是彰显从业人员对社会所承担的道德、责任和义务。对水产种苗业者来说，职业操守的基本要求，除了诚实守信、公平交易之外，就是保证出售种苗体质健康，不影响其养成以后成为人类的安全食品。

水产种苗生产是水产养殖生产的第一环节，关系到后续养殖的成败及其作为食品对人类健康的影响。因此，根据养殖生物的生态习性，以科学、规范的种苗生产技术，确保培育、销售优质健康种苗，就是种苗从业人员必须秉持的道德操守。具体要求就是，育苗过程使用优质、符合规范的饵料、添加剂、渔药等投入品，营造健康、生态的培育环境（如合适的水温、密度、盐度等）。水产食品事关人类健康，坚持以不危害人类健康为准则的职业操守，这是水产种苗业者职业操守的基本要求，也是水产种苗业可持续发展的根本保障。

二、保护水域生态环境是种苗业者的职业责任

人类的不良行为会直接危及自身的生存环境，保护水域生态环境是每个公民的职责。作为水产种苗业者，应不断提高环保意识，一切生产经营以不破坏环境和生态为前提。水产种苗生产过程会产生大量的废水，防止废水排放对环境造成不良影响。因此，尽可能降低这种影响，是种苗业者的职业责

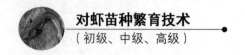
任。为此，第一，为降低废水中有机物、药残等污染物的浓度，育苗生产中投入物的使用必须规范操作，防止过量投饵和过量用药，严禁使用人药和其他禁药。第二，建设一定容量的废水处理池，废水排入自然水域之前，经过废水处理池沉淀、消毒等无害化处理，使废水排放符合相关标准。防止携带爆发性流行性病原的废水未经处理直接排放。第三，废水排放应避免夹带可能对水生生态系统造成不良影响的外来物种、处于实验阶段的人工培育品种等生物活体，防止外来物种可能给本地造成生态灾难的风险。

三、自觉维护行业秩序，提高服务意识

当今商业市场竞争激烈，提高行业信誉，树立诚信的品牌，坚守职业道德尤为重要。职业道德不仅要体现在产品质量上，还要体现于服务意识和服务质量。对于水产种苗业者，除了按照科学的技术规范生产出健康的种苗商品外，应站在养殖户的角度，处处为养殖户着想。对出售种苗的培育过程、健康状况如实告知养殖户，并根据不同批次种苗的特点提醒养殖户应该注意的问题。在种苗销售中，拒绝在数量和质量上的欺骗行为。在种苗行业发展过程中，要加强协调自律，拒绝低价低质的恶性竞争，保证行业资讯畅通，资源共享，共同营造和维护良好的营商环境和行业氛围，推进水产种苗业的可持续发展。

第三节　有关水产种苗行业法律法规文件摘要

法律法规是杜绝违法犯罪行为的必要手段。为确保水产养殖产品的安全，保护水域生态环境，维护行业生产经营秩序，确保水产种苗业的可持续发展，施行相应的法律法规是必须的。现摘录与水产苗种行业有关的法律法规，从业者必须严格遵守。

一、《水产苗种管理办法》（2001 年 12 月 8 日，农业部）

为保护和合理利用水产种质资源，加强水产品种选育和苗种生产、经营管理，提高水产苗种质量，维护水产苗种生产者、经营者和使用者的合法权益，促进水产养殖业持续健康发展，根据《中华人民共和国渔业法》及有关法律法规，2001 年 12 月 8 日中华人民共和国农业部第 4 号令发布了《水产苗种管理办法》。

办法明确了水产苗种的行政关系、管理者责任、管理相对人的责任、种质资源保护和品种选育要求、生产要求、质量要求、检验检疫要求、处罚规定等内容。

文件内容摘要如下：

1. 水产种苗管理部门

农业部负责全国水产种质资源和水产苗种管理工作。县级以上地方人民政府渔业行政主管部门负责本行政区域内的水产种质资源和水产苗种管理工作。

2. 水产种苗管理相对人

在中华人民共和国境内从事水产种质资源开发利用，品种选育、培育，水产苗种生产、经营、管理、进口、出口活动的单位和个人，应当遵守本办法。珍稀、濒危水生野生动植物及其苗种的管理按有关法律法规的规定执行。

3. 水产种苗管理者的责任

① 农业部和省级人民政府渔业行政主管部门有计划地组织水产种质资源的国际交流。任何单位或个人向境外提供和从境外引进水产种质资源的，应

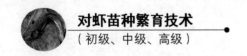

当经农业部批准。单位或个人在引进时应将适量的种质资源送交指定机构供保存和利用。

② 省级以上人民政府渔业行政主管部门根据水产增养殖生产发展的需要和自然条件及种质资源特点，合理布局和建设水产原、良种场。经农业部或省级人民政府渔业行政主管部门批准的原、良种场负责保存或选育种用遗传材料和亲本，向水产苗种繁育单位提供亲本。

③ 省级人民政府渔业行政主管部门负责原、良种场水产苗种生产审批，其他单位和个人水产苗种生产的审批权限由省级人民政府渔业行政主管部门规定。

④ 县级以上人民政府渔业行政主管部门应当制定水产苗种病害防治计划，加强对水产苗种病害的防治工作。

⑤ 国家鼓励和支持水产优良品种的选育、培育和推广。县级以上人民政府渔业行政主管部门应当有计划地组织科研、教学和生产单位选育、培育水产优良新品种。

4. 管理相对责任人的责任

① 依照《渔业法》第十六条第三款规定申请审批的水产苗种生产单位和个人应当具备下列条件：

　　a. 有固定的生产场地，水源充足，水质符合渔业用水标准；

　　b. 用于繁殖的亲本来源于原、良种场，质量符合种质标准；

　　c. 生产条件和设施符合水产苗种生产技术操作规程的要求；

　　d. 有与水产苗种生产和质量检验相适应的专业技术人员。

② 水产苗种生产单位和个人应当按照审批的范围、种类等进行生产。需要变更生产范围、种类的，应当向原审批机关办理变更手续。前款规定的审批有效期限为三年。期满需延期的，应当于期满三十日前向原审批机关提出

申请，办理续展手续。

5. 种质资源保护和品种选育

① 国家有计划地搜集、整理、鉴定、保护、保存和合理利用水产种质资源。禁止任何单位和个人侵占和破坏水产种质资源。

② 国家保护水产种质资源及其生存环境，并在具有较高经济价值和遗传育种价值的水产种质资源的主要生长繁殖区域建立水产种质资源保护区。未经农业部批准，任何单位或者个人不得在水产种质资源保护区从事捕捞活动。

③ 建设项目对水产种质资源产生不利影响的，依照《中华人民共和国渔业法》第三十五条的规定处理。

④ 用于杂交生产商品苗种的亲本必须是纯系群体。对可育的杂交种不得用作亲本繁育。

养殖可育的杂交个体和通过生物工程等技术改变遗传性状的个体及后代的，其场所必须建立严格的隔离和防逃措施，禁止将其投放于河流、湖泊、水库、海域等自然水域。

⑤ 国家鼓励和支持水产优良品种的选育、培育和推广。县级以上人民政府渔业行政主管部门应当有计划地组织科研、教学和生产单位选育、培育水产优良新品种。

⑥ 农业部设立全国水产原种和良种审定委员会，对水产新品种进行审定。

对审定合格的水产新品种，经农业部批准并正式命名后方可推广。

6. 水产苗种生产的要求

① 水产苗种的生产应当遵守农业部制定的生产技术操作规程，保证苗种质量。

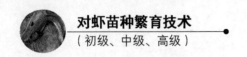

② 禁止在水产苗种繁殖、栖息地从事采矿、挖沙、爆破、排放污水等破坏水域生态环境的活动。对水域环境造成污染的，依照《中华人民共和国水污染防治法》和《中华人民共和国海洋环境保护法》的有关规定处理。在水生动物苗种主产区引水时，应当采取措施，保护苗种。

③ 重要水产苗种的进口、出口由农业部审批，其他水产苗种的进口、出口由省级人民政府渔业行政主管部门审批。审批名录由农业部另行制定。

④ 进口水产苗种的质量，应当达到国家标准或者行业标准。没有国家标准或者行业标准的，可以按照合同约定的标准执行。

7. 检验检疫要求

① 县级以上人民政府渔业行政主管部门应当制定水产苗种病害防治计划，加强对水产苗种病害的防治工作。

② 县级以上人民政府渔业行政主管部门可以委托有关质量检验机构对水产苗种的质量进行检验。

③ 承担水产苗种质量检验的机构应当具备相应的检测条件和能力，并经省级以上人民政府渔业行政主管部门考核合格。

④ 县级以上人民政府渔业行政主管部门应当加强对水产苗种的产地检疫。

⑤ 国内异地引进水产苗种的，应当先到当地渔业行政主管部门办理检疫手续，经检疫合格后方可运输和销售。

⑥ 检疫人员应当按照检疫规程实施检疫，对检疫合格的水产苗种出具检疫合格证明。

⑦ 水产苗种的进、出口必须实施检疫，防止病害传入境内和传出境外，具体检疫工作按国家有关规定执行。

8. 附则

① 本办法所用术语的含义：

原种：指取自模式种采集水域或取自其他天然水域的野生水生动植物种，以及用于选育的原始亲体。

良种：指生长快、品质好、抗逆性强、性状稳定和适应一定地区自然条件，并适用于增养殖（栽培）生产的水产动植物种。

杂交种：指将不同种、亚种、品种的水产动植物进行杂交获得的后代。

品种：指经人工选育成的，遗传性状稳定，并具有不同于原种或同种内其他群体的优良经济性状的水生动植物。

稚、幼体：指从孵出后至性成熟之前这一阶段的个体。

亲本：指已达性成熟年龄的个体。

② 违反本办法的规定应当给予处罚的，依照《中华人民共和国渔业法》等法律法规的有关规定给予处罚。

③ 转基因水产苗种的选育、培育、生产、经营和进出口管理，应当同时遵守《农业转基因生物安全管理条例》及国家其他有关规定。

二、《NY 5071-2002 无公害食品 渔用药物使用准则》（2002 年，农业部）

文件内容摘要如下：

1. 渔用药物的定义

渔药：用以预防、控制和治疗水产动植物的病、虫、害，促进养殖品种健康生长，增强机体抗病能力以及改善养殖水体质量的一切物质，简称"渔药"。

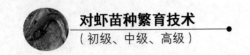
生物源渔药：直接利用生物活体或生物代谢过程中产生的具有生物活性的物质或从生物体提取的物质作为防治水产动物病害的渔药。

渔用生物制品：应用天然或人工改造的微生物、寄生虫、生物毒素或生物组织及其代谢产物为原材料，采用生物学、分子生物学或生物化学等相关技术制成的、用于预防、诊断和治疗水产动物传染病和其他有关疾病的生物制剂。它的效价或安全性应采用生物学方法检定并有严格的可靠性。

2. 休药期

最后停止给药日至水产品作为食品上市出售的最短时间。

3. 渔用药物使用基本原则

渔用药物的使用应以不危害人类健康和不破坏水域生态环境为基本原则。

水生动植物增养殖过程中对病虫害的防治，坚持"以防为主，防治结合"。

渔药的使用应严格遵循国家和有关部门的有关规定，严禁生产、销售和使用未经取得生产许可证、批准文号与没有生产执行标准的渔药。

积极鼓励研制、生产和使用"三效"（高效、速效、长效）、"三小"（毒性小、副作用小、用量小）的渔药，提倡使用水产专用渔药，提倡使用水产专用渔药、生物源渔药和渔用生物制品。

病害发生时应对症用药，防止滥用渔药与盲目增大用药量或增加用药次数、延长用药时间。

食用鱼上市前，应有相应的休药期。休药期的长短，应确保上市水产品的药物残留限量符合 NY 5070 要求。

水产饲料中药物的添加应符合 NY 5072 要求，不得选用国家规定禁止使用的药物或添加剂，也不得在饲料中长期添加抗菌药物。

4. 渔用药物使用方法及禁用渔药（详见《NY 5071-2002 无公害食品 渔用药物使用准则》禁用渔药详见附录 2 表《国家禁用药物清单》）

三、附其他有关的法律法规文件摘要（只作了解阅读，不要求考核）

附 1-1：《兽药管理条例》（2004 年 4 月 9 日国务院令第 404 号公布）

渔药管理与使用的法规，是在《兽药管理条例》的框架下确定的。文件内容摘要如下：

1. 概论

制定本条例的目的：加强兽药管理，保证兽药质量，防治动物疾病，促进养殖业发展，维护人体健康。

本条例的执法主体：国务院兽医行政管理部门负责全国的兽药监督管理工作。县级以上地方人民政府兽医行政管理部门负责本行政区域内的兽药监督管理工作。

本法的管理相对人：在中华人民共和国境内从事兽药的研制、生产、经营、进出口、使用的人员。

兽药分类：国家实行兽用处方药和非处方药分类管理制度。兽用处方药和非处方药分类管理的办法和具体实施步骤，由国务院兽医行政管理部门规定。

2. 兽药包装要求

兽药包装应当按照规定印有或者贴有标签，附具说明书，并在显著位置注明"兽用"字样。兽药的标签和说明书经国务院兽医行政管理部门批准并公布后，方可使用。

兽药的标签或者说明书，应当以中文注明兽药的通用名称、成分及其含量、规格、生产企业、产品批准文号（进口兽药注册证号）、产品批号、生产日期。有效期、适应证或者功能主治、用法、用量、休药期、禁忌、不良反应、注意事项、运输贮存条件及其他应当说明的内容。有商品名称的，还应当注明商品名称。兽用处方药的标签或者说明书还应当印有国务院兽医行政管理部门规定的警示内容，兽用非处方药的标签或者说明书还应当印有国务院兽医行政管理部门规定的非处方药标志。

3. 兽药经营

兽药经营企业需要经过县人民政府兽医行政管理部门（或省兽医行政管理部门）批准后到工商部门办理登记手续。兽药经营企业应当向购买者说明兽药的功能主治、用法、用量和注意事项，销售兽用中药材的，应当注明产地，禁止经营人用药品和假、劣兽药。兽药广告的内容应当与兽药说明书内容相一致，并取得兽药广告审查批准文号；未经批准的，不得发布。

4. 兽药使用

兽药使用单位，应当遵守国务院兽医行政管理部门制定的兽药安全使用规定，并建立用药记录。禁止使用假、劣兽药以及国务院兽医行政管理部门规定禁止使用的药品和其他化合物。禁止使用的药品和其他化合物目录由国务院兽医行政管理部门制定公布。

有休药期规定的兽药用于食用动物时，饲养者应当向购买者或者屠宰者提供准确、真实的用药记录；购买者或者屠宰者应当确保动物及其产品在用药期、休药期内不被用于食品消费。国家禁止在饲料和动物饮用水中添加激素类药品和国务院兽医行政管理部门规定的其他禁用药品。禁止将原料药直接添加到饲料及动物饮用水中或者直接饲喂动物。禁止将人用药品用于动物。禁止销售含有违禁药物或者兽药残留量超过标准的食用动物产品。

5. 假兽药的判定

有下列情形之一的，为假兽药：

① 以非兽药冒充兽药或者以他种兽药冒充此种兽药的；

② 兽药所含成分的种类、名称与兽药国家标准不符合的。

有下列情形之一的，按照假兽药对待：

① 国务院兽医行政管理部门规定禁止使用的；

② 依照本条例规定应当经审查批准而未经审查批准即生产、进口的，或者依照本条例规定应当经抽查检验、审查核对而未经抽查检验、审查核对而未经抽查检验、审查核对即销售、进口的；

① 变质的；

② 被污染的；

③ 所标明的适应证或者功能主治超出规定范围的。

6. 劣兽药的判定

有下列情形之一的，为劣兽药：

① 成分含量不符合兽药国家标准或者不标明有效成分的；

② 不标明或者更改有效期或者超过有效期的；

③ 不标明或者更改产品批号的；

④ 其他不符合兽药国家标准，但不属于假兽药的。

禁止未经兽医开具处方销售、购买使用国务院兽医行政管理部门规定实行处方药管理的兽药。国家实行兽药不良反应报告制度，兽药生产企业、经营企业、兽药使用单位和开具处方的兽医人员发现可能与兽药使用有关的严重不良反应，应当立即向所在地人民政府兽医行政管理部门报告。

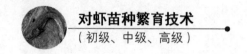

7. 罚 则

对使用兽药间接的罚则为：违反本条例规定，未按照国家有关兽药安全使用规定使用的药品和其他化合物的，或者将人用药品用于动物的，责令其立即改正，并对饲喂了违禁药物及其他化合物的动物及其产品进行无害化处理；对违法单位处 1 万元以上、5 万元以下罚款；给他人造成损失的，依法承担赔偿责任。

违反本条例规定，销售尚在用药期、休药期内的动物及其产品用于食品消费的，或者销售含有违禁药物和兽药残留超标的动物产品用于食品消费的，责令其对含有违禁药物和兽药残留超标的动物产品进行无害化处理，没收违法所得，并处 3 万元以上、10 万元以下罚款；构成犯罪的，依法追究刑事责任；给他人造成损失的，依法承担赔偿责任。

违反本条例规定，兽药生产企业、经营企业、兽药使用单位和开具处方的兽医人员发现可能与兽药使用有关的严重不良反应，不向所在地人民政府兽医行政管理部门报告的，给予警告，并处 5 000 元以上，1 万元以下罚款。

生产企业在新兽药监测期内不收集或者不及时报送该新兽药的疗效、不良反应等资料的，责令其限期改正，并处 1 万元以上、5 万元以下罚款；情节严重的，撤销该新兽药的产品批准文号。

违反本条例规定，未经兽医开具处方销售、购买使用兽用处方药的，责令其限期改正，没收违法所得，并处 5 万元以下罚款；给他人造成损失的，依法承担赔偿责任。

违反本条例规定，在饲料和动物饮用水中添加激素类药品和国务院兽医行政管理部门规定的其他禁用药品，依照《饲料和饲料添加剂管理条例》的有关规定处罚；直接将原料药添加到饲料及动物饮用水中，或者饲喂动物的责令其立即改正，并处 1 万元以上、3 万元以下罚款；给他人造成损失的，依法承担赔偿责任。

8. 附则

用语的含义解释：

兽药，是指用于预防、治疗诊断动物疾病或者有目的地调节动物生理机能的物质（含药物饲料添加剂），主要包括：血清制品、疫苗、诊断制品、微生态制品、中药材、中成药、化学药品、抗生素、生化药品、放射性药品及外用杀虫剂、消毒剂等。

兽用处方药，是指凭兽医处方方可购买和使用的兽药。

兽用非处方药，是指由国务院兽医行政管理部门公布的、不需要凭兽医处方就可以自行购买并按照说明书使用的兽药。

兽药生产企业，是指专门生产兽药的企业和兼产兽药的企业，包括从事兽药分装的企业。

兽药经营企业，是指经营兽药的专营企业或者兼营企业。

新兽药，是指未曾在中国境内上市销售的兽用药品。

兽药批准证明文件，是指兽药产品批准文号、进口兽药注册证书、允许进口兽用生物制品证明文件、出口兽药证明文件、新兽药注册证书等文件。

附1-2：《中华人民共和国刑法》（2015 修订，实施日期：2015 年 11 月 1 日）

最新修正版本的刑法对生产、销售不符合安全标准的食品的，生产、销售有毒、有害食品的可以依刑法定罪处罚。本法相关内容摘要如下：

第一百四十三条 【生产、销售不符合安全标准的食品罪】生产、销售不符合食品安全标准的食品，足以造成严重食物中毒事故或者其他严重食源性疾病的，处 3 年以下有期徒刑或者拘役，并处罚金；对人体健康造成严重

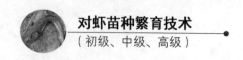

危害或者有其他严重情节的，处 3 年以上 7 年以下有期徒刑，并处罚金；后果特别严重的，处七年以上有期徒刑或者无期徒刑，并处罚金或者没收财产。

第一百四十四条 【生产、销售有毒、有害食品罪】在生产、销售的食品中掺入有毒、有害的非食品原料的，或者销售明知掺有有毒、有害的非食品原料的食品的，处 5 年以下有期徒刑，并处罚金；对人体健康造成严重危害或者有其他严重情节的，处 5 年以上 10 年以下有期徒刑，并处罚金；致人死亡或者有其他特别严重情节的，依照本法第一百四十一条的规定处罚。

下面引述《最高人民法院 最高人民检察院关于办理危害食品安全刑事案件适用法律若干问题的解释》与水产从业人员密切相关的部分条款解释。

第一条 生产、销售不符合食品安全标准的食品，具有下列情形之一的，应当认定为刑法第一百四十三条规定的"足以造成严重失误中毒事故或者其他严重食源性疾病"：

（一）含有严重超出标准限量的致病性微生物、农药残留、兽药残留、重金属、污染物质以及其他危害人体健康的物质；

（二）属于病死、死因不明或者检验检疫不合格的畜、禽、兽、水产动物及其肉类、肉类制品的；

第二条 生产、销售不符合食品安全标准的食品，具有下列情形之一的，应当认定为刑法第一百四十三条规定的"对人体健康造成严重危害"

（四）造成十人以上严重食物中毒或者其他严重食源性疾病的；

第三条 生产、销售不符合食品安全标准的食品，具有下列情形之一的，应当认定为刑法第一百四十三条规定的"其他严重情节"：

（一）生产、销售金额 20 万元以上的；

（二）生产、销售金额 10 万元以上不满 20 万元，不符合食品安全标准的食品数量较大或者生产、销售持续时间较长的；

（四）生产、销售金额 10 万元以上不满 20 万元，一年内曾因危害食品安全违法犯罪活动受过行政处罚或者刑事处罚的；

第八条 在食品加工、销售、运输、贮存等过程中违反食品安全标准，超限量或者超范围滥用食品添加剂，足以造成严重食物中毒事故或者其他严重食源性疾病的，依照刑法第一百四十三条的规定一生产、销售不符合安全标准的食品罪定罪处罚。

在使用农场品种植、养殖、销售、运输、贮存等过程中违反食品安全标准，超限量或者超范围滥用添加剂、农药、兽药等，足以造成严重食物中毒事故或者其他食源性疾病的，使用前款的规定定罪处罚。

附1-3：《中华人民共和国食品安全法》（2015年4月修订并通过，2015年10月1日起正式施行）

为保证食品安全，保障公众身体健康和生命安全，制定本法。在我国，国家高度重视食品安全，早在1995年就颁布了《中华人民共和国食品卫生法》。在此基础上，2009年2月28日，十一届全国人大常委会第七次会议通过了《中华人民共和国食品安全法》。2013年《食品安全法》启动修订，2015年4月24日，新修订的《中华人民共和国食品安全法》经第十二届全国人大常委会第十四次会议审议通过。新版食品安全法共十章、154条，将于2015年10月1日起正式施行。

食品安全法是适应新形势发展的需要，为了从制度上解决现实生活中存在的食品安全问题，更好地保证食品安全而制定的。其中确立了以食品安全风险监测和评估为基础的科学管理制度，明确食品安全风险评估结果作为制定、修订食品安全标准和对食品安全实施监督管理的科学依据。下面是修订情况说明：

新修订的《食品安全法》，从原来104条增加到154条。新法中对七个方面的制度构建进行了修改：

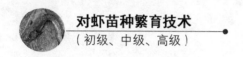

1. 完善统一权威的食品安全监管机构；

2. 明确建立最严格的全过程监管制度，进一步强调食品生产经营者的主体责任和监管部门的监管责任；

3. 更加突出预防为主、风险防范；

4. 实行食品安全社会共治，充分发挥媒体、广大消费者在食品安全治理中的作用；

5. 突出对保健食品、特殊医学用途配方食品、婴幼儿配方食品等特殊食品的监管完善；

6. 加强对高毒、剧毒农药的管理；

7. 加强对食用农产品的管理；建立最严格的法律责任制度等。

新法相关内容摘要如下：

第一百三十三条、第一百四十九条等均规定了违反本法规定，构成犯罪的，依法追究刑事责任。

第一百三十三条 违反本法规定，拒绝、阻挠、干涉有关部门、机构及其工作人员依法开展食品安全监督检查、事故调查处理、风险监测和风险评估的，由有关主管部门按照各自职责分工责令停产停业，并处二千元以上五万元以下罚款；情节严重的，吊销许可证；构成违反治安管理行为的，由公安机关依法给予治安管理处罚。

第一百四十九条 违反本法规定，构成犯罪的，依法追究刑事责任。

附1-4：《中华人民共和国农产品质量安全法》（2006年4月29日通过，自2006年11月1日起施行）

相关内容摘要如下：

第二条 本法所称农产品，是指来源于农业的初级产品，即在农业活动中获得的植物、动物、微生物及其产品。

本法所称农产品质量安全，是指农产品质量符合保障人的健康、安全的要求。

第三条 县级以上人民政府农业行政主管部门负责农产品质量安全的监督管理工作；县级以上人民政府有关部门按照职责分工，负责农产品质量安全的有关工作。

第十七条 禁止在有毒有害物质超过规定标准的区域生产、捕捞、采集食用农产品和建立农产品生产基地。

第二十四条 农产品生产企业和农民专业合作经济组织应当建立农产品生产记录，如实记载下列事项：

（一）使用农业投入品的名称、来源、用法、用量和使用、停用的日期；

（二）动物疫病、植物病虫草害的发生和防治情况；

（三）收获、屠宰或者捕捞的日期。

农产品生产记录应当保存二年。禁止伪造农产品生产记录。

国家鼓励其他农产品生产者建立农产品生产记录

第二十五条 农产品生产者应当按照法律、行政法规和国务院农业行政主管部门的规定，合理使用农业投入品，严格执行农业投入品使用安全间隔期或者休药期的规定，防止危及农产品质量安全。

禁止在农产品生产过程中使用国家明令禁止使用的农业投入品。

第二十六条 农产品生产企业和农民专业合作经济组织，应当自行或者委托检测机构对农产品质量安全状况进行检测；经检测不符合农产品质量安全标准的农产品，不得销售。

第三十三条 有下列情形之一的农产品，不得销售：

（一）含有国家禁止使用的农药、兽药或者其他化学物质的；

（二）农药、兽药等化学物质残留或者含有的重金属等有毒有害物质不符合农产品质量安全标准的；

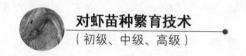
（三）含有的致病性寄生虫、微生物或者生物毒素不符合农产品质量安全标准的；

（四）使用的保鲜剂、防腐剂、添加剂等材料不符合国家有关强制性的技术规范的；

（五）其他不符合农产品质量安全标准的

第四十七条 农产品生产企业、农民专业合作经济组织未建立或者未按照规定保存农产品生产记录的，或者伪造农产品生产记录的，责令限期改正；逾期不改正的，可以处二千元以下罚款。

第四十八条 违反本法第二十八条规定，销售的农产品未按照规定进行包装、标识的，责令限期改正；逾期不改正的，可以处二千元以下罚款。（包装物或者标识上应当按照规定标明产品的品名、产地、生产者、生产日期、保质期、产品质量等级等内容；使用添加剂的，还应当按照规定标明添加剂的名称。）

第四十九条 有本法第三十三条第四项规定情形，使用的保鲜剂、防腐剂、添加剂等材料不符合国家有关强制性的技术规范的，责令停止销售，对被污染的农产品进行无害化处理，对不能进行无害化处理的予以监督销毁；没收违法所得，并处二千元以上二万元以下罚款。

第五十条 农产品生产企业、农民专业合作经济组织销售的农产品有本法第三十三条第一项至第三项或者第五项所列情形之一的，责令停止销售，追回已经销售的农产品，对违法销售的农产品进行无害化处理或者予以监督销毁；没收违法所得，并处二千元以上二万元以下罚款。

农产品销售企业销售的农产品有前款所列情形的，依照前款规定处理、处罚。

农产品批发市场中销售的农产品有第一款所列情形的，对违法销售的农产品依照第一款规定处理，对农产品销售者依照第一款规定处罚。

农产品批发市场违反本法第三十七条第一款规定的，责令改正，处二千元以上二万元以下罚款。

第五十一条 违反本法第三十二条规定，冒用农产品质量标志的，责令改正，没收违法所得，并处二千元以上二万元以下罚款。

附1-5：《中华人民共和国水污染环境法》（2008年2月28日第十届全国人民代表大会常务委员会第三十二次会议修订，2008年6月1日起实施）

本法相关内容摘要如下：

第三十二条 含病原体的污水应当经过消毒处理，符合国家有关标准后，方可排放。

第五十条 从事水产养殖应当保护水域生态环境，科学确定养殖密度，合理投饵和使用药物，防止污染水环境。

第七十四条 违反本法规定，排放水污染物超过国家或者地方规定的水污染物排放标准，或者超过重点水污染物排放总量控制指标的，有县级以上人民政府环境保护主管部门按照权限责令限期治理，处应缴纳排污费数额二倍以上五倍以下的罚款。

限期治理期间，由环境保护主管部门责令限制生产、限制排放或者停产整治。限期治理的期限最长不超过一年，逾期未完成治理任务的，报经有批准权的人民政府批准，责令关闭。

第七十六条 有下列行为之一的，由县级以上地方人民政府环境保护主管部门责令停止违法行为，限期采取治理措施，消除污染，处以罚款；逾期不采取处理措施的，环境保护主管部门可以指定有治理能力的单位代为治理，所需费用由违法者承担。

（六）违反国家有关规定或者标准，向水体排放含低放射性物质的废水、热废水或者含病原体的污水的。

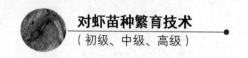
有前款第三项、第六项行为之一的，处一万元以上十万元以下的罚款。

附1-6：《中华人民共和国海洋环境保护法》（1999年12月25日中华人民共和国主席令第二十六号公布，自2000年4月1日起施行。2013年12月28日第十二届全国人民代表大会常务委员会第六次会议修订。）

相法相关内容摘要如下：

第二十五条 引进海洋动植物物种，应当进行科学论证，避免对海洋生态系统造成危害。

第二十八条 国家鼓励发展生态渔业建设，推广多种生态渔业生产方式，改善海洋生态状况。新建、改建、扩建海水养殖场，应当进行环境影响评价。

第三十四条 含病原体的医疗污水、生活污水和工业废水必须经过处理，符合国家有关排放标准后，方能排入海域。

第七十三条 违反本法有关规定，有下列行为之一的，有依照本法规定行使海洋环境监督管理权的部门责令限期改正，并处以罚款：

（一）向海域排放本法禁止排放的污染物或者其他物质的；

（二）不按照本法规定向海洋排放污染物，或者超标排放污染物的；

（三）未取得海洋倾倒许可证，向海洋倾倒废弃物的

（四）因发生事故或者其他突发性事件，造成海洋环境污染事故，不立即采取处理措施的。

有前款第（一）（三）项行为的，处三万元以上二十万元以下的罚款；有前款（二）（四）项行为之一的，处二万以上十万以下的罚款。

附1-7：《中华人民共和国渔业法》（2013年12月28日第十二届全国人民代表大会常务委员会第六次会议通过，第四次修正，本法自1986年7月1日起施行。）

本法相关内容摘要如下：

第十九条 从事养殖生产不得使用含有毒有害物质的饵料、饲料。

第二十条 从事养殖生产应当保护水域生态环境，科学确定养殖密度，合理投饵、施肥、使用药物，不得造成水域的环境污染。

附1-8：《国务院关于加强食品等产品安全监督管理的特别规定》（2007年7月26日国务院令第503号颁布并实施）

本规定相关内容摘要如下：

第三条 生产经营者应当对其生产、销售的产品安全负责，不得生产、销售不符合法定要求的产品。

依照法律、行政法规规定生产、销售产品需要取得许可证照或者需要经过认证的，应当按照法定条件、要求从事生产经营活动。

不按照法定条件、要求从事生产经营活动或者生产、销售不符合法定要求产品的，由农业、卫生、质检、商务、工商、药品等监督管理部门依据各自职责，没收违法所得、产品和用于违法生产的工具、设备、原材料等物品，货值金额不足5 000元的，并处5万元罚款；货值金额5 000元以上不足1万元的，并处10万元罚款；货值金额1万元以上的，并处货值金额10倍以上20倍以下的罚款。

造成严重后果的，由原发证部门吊销许可证照；构成非法经营罪或者生产销售伪劣商品罪等犯罪的，依法追究刑事责任。

生产经营者不再符合法定条件、要求，继续从事生产经营活动的，由原发证部门吊销许可证照，并在当地主要媒体上公告被吊销许可证照的生产经营者名单；构成非法经营罪或者生产、销售伪劣商品罪等犯罪的，依法追究刑事责任。

依法应当取得许可证照而未取得许可证照从事生产经营活动的，由农业、

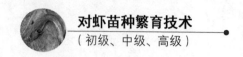

卫生、质检、商务、工商、药品等监督管理部门依据各自职责，没收违法所得、产品和用于违法生产的工具、设备、原材料等物品，货值金额不足 1 万元的，并处 10 万元罚款；货值金额 1 万元以上的，并处货值金额 10 倍以上 20 倍以下的罚款。

构成非法经营罪的，依法追究刑事责任。

第四条 生产者生产产品所使用的原料、辅料、添加剂、农业投入品，应当符合法律、行政法规的规定和国家强制性标准。

违反前款规定，违法使用原料、辅料、添加剂、农业投入品的，由农业、卫生、质检、商务、药品等监督管理部门依据各自职责没收违法所得，货值金额不足 5 000 元的，并处 2 万元罚款；货值金额 5 000 元以上不足 1 万元的，并处 5 万元罚款；货值金额 1 万元以上的，并处货值金额 5 倍以上 10 倍以下的罚款。

造成严重后果的，由原发证部门吊销许可证照；构成生产、销售伪劣商品罪的，依法追究刑事责任。

第五条 销售者必须建立并执行进货检查验收制度，审验供货商的经营资格，验明产品合格证明和产品标识，并建立产品进货台账，如实记录产品名称、规格、数量、供货商及其联系方式、进货时间等内容。从事产品批发业务的销售企业应当建立产品销售台账，如实记录批发的产品品种、规格、数量、流向等内容。在产品集中交易场所销售自制产品的生产企业应当比照从事产品批发业务的销售企业的规定，履行建立产品销售台账的义务

进货台账和销售台账保存期限不得少于 2 年。销售者应当向供货商按照产品生产批次索要符合法定条件的检验机构出具的检验报告或者由供货商签字或者盖章的检验报告复印件；不能提供检验报告或者检验报告复印件的产品，不得销售。

违反前款规定的，由工商、药品监督管理部门依据各自职责责令停止

销售。

不能提供检验报告或者检验报告复印件销售产品的，没收违法所得和违法销售的产品，并处货值金额 3 倍的罚款；造成严重后果的，由原发证部门吊销许可证照。

第十条 县级以上地方人民政府不履行产品安全监督管理的领导、协调职责，本行政区域内一年多次出现产品安全事故、造成严重社会影响的，由监察机关或者任免机关对政府的主要负责人和直接负责的主管人员给予记大过、降级或者撤职的处分。

附 1-9：《水产养殖质量安全管理规定》（2003 年 7 月 14 日经农业部第 18 次常务会议审议通过，2003 年 9 月 1 日起实施）

本规定相关内容摘要如下：

第十二条 水产养殖单位和个人应当填写《水产养殖生产记录》，记载养殖种类、苗种来源及生长情况、饲料来源及投喂情况、水质变化等内容。《水产养殖生产记录》应当保存至该批水产品全部销售后 2 年以上。

第十五条 使用渔用饲料应当符合《饲料和饲料添加剂管理条例》和农业部《无公害食品渔用饲料安全限量》（NY 5072-2002）。鼓励使用配合饲料。限制直接投喂冰鲜（冻）饵料，防止残饵污染水质。

禁止使用无产品质量标准、无质量检验合格证、无生产许可证和产品批准文号的饲料、饲料添加剂。禁止使用变质和过期饲料。

第十六条 使用水产养殖用药应当符合《兽药管理条例》和农业部《无公害食品渔药使用准则》（NY 5071-2002）。使用药物的养殖水产品在休药期内不得用于人类食品消费。

禁止使用假、劣兽药及农业部规定禁止使用的药品、其他化合物和生物制剂。原料药不得直接用于水产养殖。

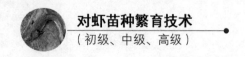

第十八条 水产养殖单位和个人应当填写《水产养殖用药记录》（格式见附件3），记载病害发生情况，主要症状，用药名称、时间、用量等内容。《水产养殖用药记录》应当保存至该批水产品全部销售后2年以上。

思考题：（初级工、中级工和高级工：全部1~12题）

1. 什么是道德？什么是法律？道德与法律有什么相互关系？

2. 为什么说道德是调节社会关系的重要手段？

3. 什么是职业、职业责任、职业道德？

4. 职业道德有什么社会作用？

5. 在水产种苗繁育职业活动中，如何遵守职业道德？

6. 为什么说保护水域生态环境是水产种苗业者的职业责任？

7. 水产种苗业者如何维护行业秩序，促进行业可持续发展？

8. 制定水产苗种业的法律法规目的是什么？

9. 《水产种苗管理办法》中对水产种苗生产的要求是什么？

10. 《水产种苗管理办法》怎样规定种苗生产责任人的责任？

11. 什么是渔用药？它有哪些品类及其用途？

12. 渔药使用的基本原则是什么？

第二章
对虾生物学

[**内容提要**] 对虾分类；对虾形态结构；对虾生长与繁殖；对虾性腺发育；对虾胚胎发育；对虾幼体形态发育及其生态习性；对虾幼体阶段分期形态鉴别特征；我国养殖对虾的主要种类及其自然生态。

[**分级要求掌握的内容**] 初级：第一节，第二节，第三节，第六节；中级：第一节，第二节，第三节，第四节，第六节，第七节；高级：第一节至第八节，全部。

＊拉丁文学名仅供参考不要求掌握。

第一节　对虾分类

一、生物分类系统基本知识

生物分类学根据生物之间的相同相异程度及亲缘关系的远近，将生物划分为等级不同的若干类群或各级单位，共七级（阶元）形成分类系统。其顺序是：界、门、纲、目、科、属、种，下一级隶属于上一级。有的类群还有

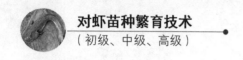

亚级之分，如亚门、亚纲等。现行的生物五界之分是：原核生物界、原生生物界、真菌界、植物界和动物界。

二、对虾的分类地位

在生物分类系统中，属于节肢动物门、有鳃亚门、甲壳纲、十足目、游泳亚目、对虾科的种类通称对虾。在我国水产养殖中对虾科的养殖种类常见的有：对虾属的斑节对虾，明对虾属的中国明对虾、长毛明对虾、墨吉明对虾，囊对虾属的日本囊对虾，滨对虾属的凡纳滨对虾，新对虾属的刀额新对虾等。在养殖生产中它们泛称对虾。

三、物种的命名规则（双名法）

国际规定，采用瑞典自然博物学家林奈（Linne）于 18 世纪首创的"双名法"命名物种。双名法规定，每一种生物的学名由两个拉丁文组成，前一个词是该种所在的属名，后一个词是种名，属名和种名拉丁文概用斜体。属名第一个字母大写。双名之后附有定名者的姓氏或其缩写。若物种名为后人修改，原定名者的姓氏仍以加括号保留，以示尊重。

附　我国对虾养殖常见种类的拉丁文学名：

斑节对虾 *Penaeus monodon*（*Fabricius*，1798）

中国明对虾 *Fenneropenaeus Chinensis*（*Osbeck*，1765）

长毛明对虾 *Fenneropenaeus penicillatus*（*Alcock*，1905）

墨吉明对虾 *Fenneropenaeus merguiensis*（*De Man*，1888）

日本囊对虾 *Marsupenaeus Japonicus*（*Bata*，1888）

凡纳滨对虾 *Litopenaeus vannamei*（*Boone*，1931）

刀额新对虾 *Metapenaeus ensis*（*De Haan*，1850）

第二节　对虾形态结构

一、外部形态

1. 体躯（图 2.1）

成体对虾体躯长而侧扁，略呈梭形。体躯由头胸部和腹部组成，头胸部整体披覆头胸甲，腹部可见分为 6 个腹节和 1 个尾节，腹部披覆腹甲，肌肉发达。

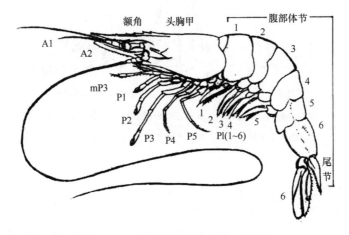

图 2.1　对虾外形（从刘瑞玉，1986）

A1：第一触角；A2：第二触角；mP3：第三颚足；

P1~5：第 1~5 对步足；Pl（1~6）：第 1~6 对腹部附肢

2. 附肢（图 2.2）

对虾体躯共有 19 对附肢，具有各自功能，其中头胸部 13 对，腹部 6 对，

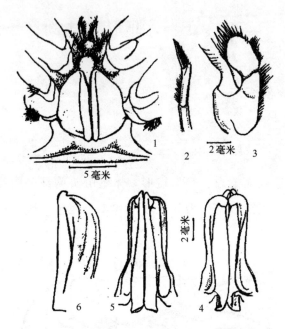

图 2.2　中国明对虾雌、雄性交接器及特征附肢

1. 雌性交接器；2. 雄性第三颚足；3. 雄性附肢；4. 雄性交接器腹面；

5. 雄性交接器背面；6. 雄性交接器侧面（从刘瑞玉，1986）

尾节无附肢。

头胸部附肢自前至后依序为：①第一、第二触角，具触觉、嗅觉和司平衡功能；②大颚、第一小颚、第二小颚，具咀嚼、抱持食物功能；③第一、二、三颚足，具辅助摄食、鼓动水流功能；④第一至第五步足，杆状，前 3 对有螯，具捕食、爬行功能。

腹部附肢 6 对，皆为双（内、外肢）叶片形附肢，适于拨水游泳。其中第六对附肢（也称尾肢）位于腹部第六节后部靠近无附肢尾节，与尾节联合构成尾扇，司升降、后跃及弹跳功能。

雌、雄虾性征（图 2.2 至图 2.4）：对虾雌雄异体、异形。通常雌性亲虾大于同龄的雄性亲虾。成体对虾雌雄异形特征可以从交接器来判断：雄性对虾腹部第一对附肢的内肢特化联合发育成一个钟罩状交接器，其形态因种而异；雌性对虾交接器（纳精囊或纳精凹陷）位于头胸部第四、五对步足之间的腹甲上，其形态因种而异。雌性对虾交接器有两种类型：

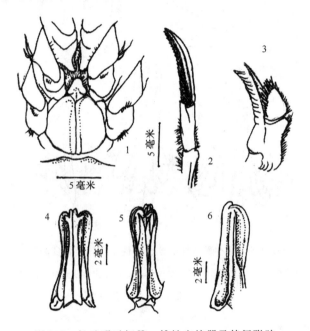

图 2.3　长毛明对虾雌、雄性交接器及特征附肢

1. 雌性交接器；2. 雄性第三颚足；3. 雄性附肢；4. 雄性交接器背面；5. 雄性交接器腹面；

6. 雄性交接器侧面（从刘瑞玉，1986）

（1）闭锁型

如中国明对虾、长毛明对虾等大多数对虾种类，雌性对虾交接器为纳精囊。纳精囊呈圆盘囊状结构，中央有一纵裂开口，口缘向外翻卷，前方有一小乳突密生感觉毛。纳精囊为纳储雄性射出精荚的交配器官。日本囊对虾的

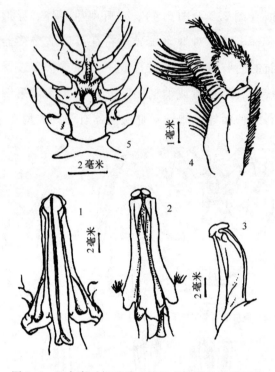

图 2.4　日本囊对虾对雌、雄性交接器及特征附肢

1. 雄性交接器背面；2. 雄性交接器腹面；3. 雄性交接器侧面；4. 雄性附肢；

5. 雌性交接器（从刘瑞玉，1986）

纳精囊为圆筒状，开口于前端。

（2）开放型

如凡纳滨对虾，雌性对虾交接器无盘囊状结构，只是一个凹陷称纳精凹陷，为雄性精荚粘黏的交配器官。

3. 雌、雄生殖孔

生殖孔是精、卵排出的通道。雄虾生殖孔（1 对）位于第五步足左、右的基部，平时不易观察到，性腺成熟时可见两块膨大的乳白色精荚，生殖季节膨大可见。雌虾生殖孔（1对）位于左、右第三步足的基部内侧的乳突上。

对虾交接器形态的种间差异是物种分类的重要依据。

体长测量标准（图2.5）：对虾体长测量标准因目的不同而定，三种体长测量标准见图2.3表述。生物学研究采用生物学体长测量标准，商业销售采用商业体长测量标准，全长测量无实际应用意义。

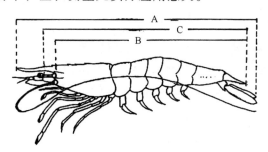

图2.5　体长测量标准

A. 全长：额角前端至尾扇末端；B. 生物学体长：眼柄基部至尾节末端；

C. 商业体长：眼球基部至尾节末端

二、内部结构

对虾机体的主要器官系统有肌肉系统、消化系统、呼吸系统、循环系统、排泄系统、生殖系统、神经系统和内分泌系统，它们执行各种生理机能，既分工又协作联合完成机体的生命活动及种族繁衍。以下主要介绍消化系统和生殖系统。

1. 消化系统（图2.6）

对虾的消化管道较简单，它由口、短的食道、膨大而壁薄的胃、短的中肠、长而细的后肠和其末端的肛门组成。口位于头胸部前方的腹面，胃囊位于额角最后一刺即胃上刺之下方，肛门开口于尾节腹面。团絮状的消化腺（又称中肠腺、肝胰脏）包附于胃后方中肠的两侧，呈暗红色，有胆管通入

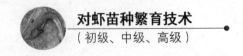

中肠。中肠消化、吸收食物。

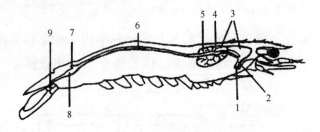

图 2.6　对虾消化系统

1. 口；2. 食管；3. 前胃；4. 中肠前盲囊；5. 消化腺；6. 中肠；7. 中肠后盲囊；

8. 直肠；9. 肛门（仿 W. Dall，B. J. Hill 等，1992）

2. 生殖系统（图 2.7）

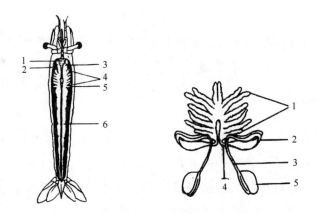

图 2.7　对虾生殖系统

左：雌性 1. 前胃；2. 消化腺；3. 前叶；4. 侧叶；5. 输卵管；6. 卵巢腹部叶；

右：雄性腺（放大）1. 精巢叶；2. 中输精管；3. 端输精管；4. 后输精管；5. 端壶腹

（仿 W. Dall，B. J. Hill 等，1992）

（1）雌虾的生殖系统

卵巢左右 1 对，带状紧靠，位于头胸部肝区背面并向后延伸。成熟的卵巢体积增大纵贯全身，前部主体膨大分叶向两侧扩展。输卵管 1 对，各发自左、右卵巢主体部侧叶，末端开口于雌性生殖孔。

（2）雄虾的生殖系统

精巢 1 对，位于头胸部肝区背面。成熟的精巢膨大分叶向两侧扩展。输精管 1 对，各发自左、右精巢侧叶，其末部通达 1 对膨大的储精囊，储精囊为产生及储存精荚的器官，输精管末端开口于雄性生殖孔。

第三节 对虾生长与繁殖

一、生长

对虾通过脱皮（壳）而生长，每次蜕皮后体长、体重均获得增量生长。绝大多数对虾的寿命仅一年，个别种类人工条件下寿命可达 2~3 年。

二、生活史

从个体诞生至完成繁殖子代的过程即为生物生活史（图 2.8）。体现了细胞核相的连续变化。对虾生活史过程概要如下：个体生长发育→雌、雄亲虾交配→受精卵胚胎发育→无节幼体→溞状幼体→糠虾幼体→仔虾。对虾通过完成生活史获得种群繁衍延续。

三、繁殖季节

1. 繁殖特点

对虾的繁殖是指性腺成熟、交配、受精卵孵化的过程。雄性亲虾成熟（以能产生精荚为准）即可发生交配行为，雌性交配行为则有发生于卵巢成

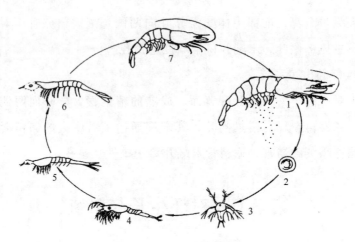

图 2.8　对虾生活史示意图

1. 成虾及受精卵；2. 胚胎发育；3. 无节幼体；4. 溞状幼体；5. 糠虾
幼体；6. 仔虾幼体；7. 幼虾（从蒋庆堂、李建国等，1996）

熟之前或之后两种类型，因种而异。

　　① 属于闭锁型纳精囊的种类繁殖过程是：雄虾精巢成熟→雌、雄虾交配→雌虾卵巢成熟→产卵受精→孵化。雌、雄亲虾成熟季节不同，如中国明对虾、长毛明对虾、日本囊对虾等大多数对虾种类。

　　② 属于开放型纳精囊的种类繁殖过程是：雌、雄虾精、卵巢成熟→雌、雄虾交配→产卵受精→孵化。雌、雄亲虾成熟季节基本相同，如凡纳滨对虾等种类。

2. 繁殖季节

　　不同种类的对虾有各自的繁殖季节。例如，在北方中国明对虾雄虾的精巢在当年的 9 月底至 10 月初成熟（以能产生精荚为准），雌雄发生交配，雌虾卵巢则要到翌年 4—5 月成熟，然后产卵同时释放纳精囊中精荚的精子，受精、孵化；南方（如福建）的长毛明对虾雄虾的精巢在当年的 10 月底至 11

月初成熟，雌雄发生交配，雌虾卵巢则要到翌年 5—6 月成熟，然后产卵同时释放纳精囊中精荚的精子，受精、孵化；凡纳滨对虾，属于开放型纳精囊的种类。在南美洲厄瓜多尔北部沿海 4—9 月是凡纳滨对虾繁殖高峰期，这期间都有成熟的雌、雄亲虾。

四、交配

1. 交配行为

闭锁型纳精囊种类交配行为发生于雌虾蜕壳后尚未硬化之前，此时雌虾行动迟缓，雄虾抱持雌虾，交接器抵进雌虾交接器，如中国明对虾、长毛明对虾、日本囊对虾等种类，排放的精荚由交接器导入雌虾的纳精囊内包封完成交配；开放型纳精囊种类，如凡纳滨对虾，交配前有追尾过程，雄虾在成熟雌虾后下方抵近追逐雌虾，最后翻身抱住雌虾瞬间完成交配，精荚粘黏于雌虾的纳精凹陷上。

2. 雌虾已交配的标志

刚交配不久的雌虾，在闭锁型纳精囊的种类，其纳精囊的裂口处悬挂一对乳白色的瓣状物（精荚的附属物），游泳时可以从腹面观察到。交配后三、四天乳白色的瓣状物自行脱落，纳精囊裂口封闭囊面微凸透出乳白色。据此可判断雌虾已成功交配，精荚已包封于纳精囊内。而未交配的雌虾纳精囊无色透明，裂口未封闭；开放型纳精囊的种类，如凡纳滨对虾刚交配不久的雌虾亦可观察到纳精凹陷处有乳白色沾黏物。

五、排卵与受精

对虾一般在夜间产卵，成熟的卵子直接排入水中，同时精荚同步释放精

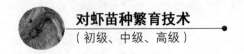
子，卵子水中受精。对虾的卵属沉性卵。刚排出的卵形状不规则，略呈三角形。随后是圆球形，浅绿色，直径235～275微米。卵受精后分泌出一层胶状物质，逐渐吸水膨大后形成明显肥厚透明的受精卵膜，据此可判断卵已受精。每尾雌虾怀卵量不同种类有差异，个体也有差异。斑节对虾大约100万粒，墨吉明对虾约60万～80万粒，日本囊对虾约50万～70万粒，中国明对虾、长毛明对虾均约20万～40万粒，凡纳滨对虾约20万～30万粒．

第四节　对虾性腺发育

一、卵巢发育分期

雌虾卵巢的发育情况较复杂，一般将其发育形态分为五期：

① 第Ⅰ期：未发育期。在交配之前，卵巢纤细，无色透明，外观不能见到。

② 第Ⅱ期：发育早期。卵巢窄小、扁带状，外观呈半透明状带有白色或淡灰色，肉眼不能分辨卵粒。

③ 第Ⅲ期：发育后期。卵巢体积明显增大向两侧扩展，大而宽扁轮廓清晰，呈黄绿色或绿色。卵粒隐约可见，但不分离。

④ 第Ⅳ期：成熟期。卵巢宽大饱满，达到最大丰满度时，整个背部几乎被卵巢填满，第一腹节侧面下垂部分可达该节高度的一半。

⑤ 第Ⅴ期：产后恢复期。此期已产完卵，卵巢萎缩，外观难以见到。

二、精巢发育

雄性生殖系统较紧致，难于将其发育形态人为的分期。储精囊产生的精荚是保存精子的特殊结构。中国明对虾和长毛明对虾的精荚分为豆状体和瓣状体两部分，豆状体呈豆粒状紧贴雄性生殖孔，瓣状体柔软而有弹性，呈乳白色。对虾在交配过程中，精荚排出由交接器将豆状体推入雌虾的纳精囊内，瓣状体挂在纳精囊外。

第五节 对虾胚胎发育

一、胚胎发育过程

从受精卵到无节幼体孵出之前这一段过程为胚胎发育过程（图2.9），经历如下各期。

① 极体期：一般情况下，在卵受精后25分钟内相继出现第一极体和第二极体。

② 卵裂期：受精后约1小时后卵裂。卵裂为完全均等卵裂，均分成2、4、8……个等大的分裂细胞，并出现分裂腔。

③ 囊胚期：受精后约5~6小时，胚胎发育达到囊胚期。

④ 原肠期：约在64细胞末期，胚胎发育到原肠期。受精后约15~16小时，原肠作用完成，胚孔闭合。

⑤ 肢芽期：受精后约12~16小时，在卵圆形胚体的腹面出现3对附肢（第一、二触角和大颚）的芽突。

⑥ 膜内无节幼体期：附肢末部生出刚毛，胚体前端出现眼点。胚体能在膜内转动。约1天后孵出无节幼体。

二、胚胎发育与水温的关系

胚胎发育的时间长短与孵化水温等环境条件有关。不同种类、不同水温条件孵化时间不同。在适宜水温条件下，不同品种常见对虾，受精卵孵化时

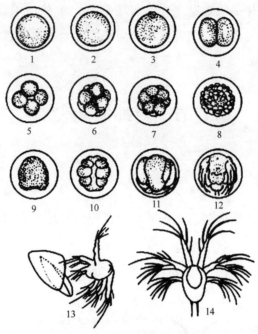

图 2.9　对虾胚胎发育过程

1. 受精卵；2. 卵膜扩大；3. 极体出现；4.2 细胞期；5.4 细胞期；6.8 细胞期；7. 桑椹期；

8. 囊胚期；9. 原肠期；10. 原肠后期；11. 原无节幼体期；12. 原无节幼体后期

（从蒋庆堂、李建国等，1996）

间 15~20 小时。凡纳滨对虾在 30℃条件下孵化时间 15~16 小时。适温范围内水温越高，胚胎发育的时间越短。水温过高或过低，都会使胚胎发育不正常或出现畸形或不孵化。

第六节　对虾幼体形态发育及其生态习性

一、对虾幼体阶段变态发育过程概述

从受精卵经胚胎发育后孵出无节幼体，经 6 次蜕皮发育为溞状幼体，再经 3 次蜕皮发育为糠虾幼体，再经 3 次蜕皮发育成为仔虾幼体。这一期间每次蜕皮前后的幼体形态都有明显变化，故称变态发育。对虾的无节幼体、溞状幼体、糠虾幼体和仔虾通称对虾的幼体。

仔虾的形态近似成虾，其后大约经 20 多次蜕皮，形态结构逐渐完善，发育成为幼虾，即为年幼的成虾。幼虾形态特征与成虾相似，只是雌、雄交接器尚未长出。幼虾以后还不断蜕皮生长，但形态变化不显著，不属于对虾幼体期。

二、幼体发育阶段形态特征概述

1. 无节幼体形态特征（图 2.10）

无节幼体形状为椭圆形，体不分节，具 3 对附肢故又称六肢幼虫，前端

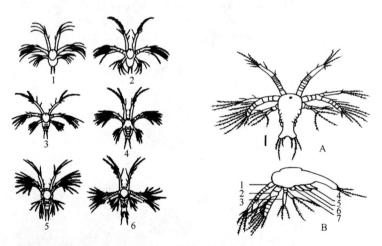

图 2.10　无节幼体形态

左图：无节幼体 1-6 期（从蒋庆堂、李建国等，1996）；右图：第 6 期无节幼体

A：背面观；B：侧面观；1. 第一触角；2. 第二触角；3. 大颚；4. 第二颚足芽；

5. 第一颚足芽；6. 第二小颚芽；7. 第一小颚芽（从 W. Dall，B. J. Hill 等，1992）

正中有一红色眼点，尾端有成对的尾棘。无节幼体分为六期，各期又有不同的形态差别。为了记录简便，以英文无节幼体的第一个字母 N 代表无节幼体，以 N_1、N_2……N_6 分别代表无节幼体 1~6 期。

2. 溞状幼体形态特征（图 2.11）

体前部宽大披以头胸甲，后部细长，体分节，附肢 7 对，复眼、口器及

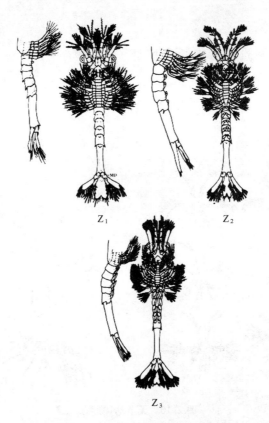

图 2.11　溞状幼体形态 I － Ⅲ 期

Z_1：溞状幼体 I；Z_2：溞状幼体 Ⅱ；Z_3：溞状幼体 Ⅲ

（从蒋庆堂、李建国等，1996）

消化器官形成。溞状幼体分为三期,各期又有不同的形态差别。为了记录简便,以英文溞状幼体的第一个字母Z代表溞状幼体,以 Z_1、Z_2、Z_3 分别代表溞状幼体 I ~ III 期。

3. 糠虾幼体形态特征 (图 2.12)

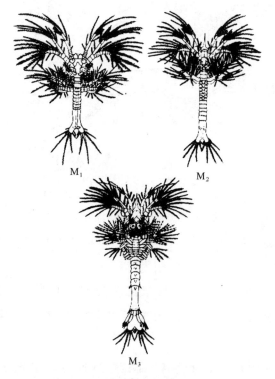

图 2.12 糠虾幼体形态 I - III 期

M_1:糠虾幼体 I;M_2:糠虾幼体 II;M_3:糠虾幼体 III

(从蒋庆堂、李建国等, 1996)

头胸部愈合,为头胸甲覆盖,头胸部与腹部区分明显,附肢齐全,已初具虾形。糠虾幼体分为三期,各期又有不同的形态差别。为了记录简便,以

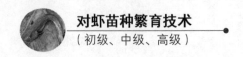

英文糠虾幼体的第一个字母 M 代表糠虾幼体，以 M_1、M_2、M_3 分别代表糠虾幼体 I ~ III 期。

4. 仔虾幼体形态特征（图 2.13）

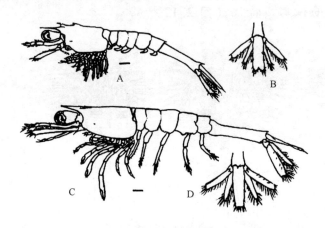

图 2.13　糠虾幼体与仔虾幼体形态比较

A：糠虾幼体第 II 期侧面观；B：糠虾幼体第 II 期尾节背面观；C：仔虾幼体 P_1 侧面观；

D：仔虾幼体 P_1 尾节背面观面观（仿 W. Dall，B. J. Hill 等，1992）

仔虾期又称后期幼体，形态构造逐渐与成虾相似。仔虾幼体，体躯明显增大，形态结构逐渐完善。以英文后期幼体的第一个字母 P 代表仔虾幼体。

由于仔虾幼体形态已相对稳定，不因一次脱皮而引起显著变化，故不以每次蜕皮来划分发育阶段。生产上习惯用"日龄"来表示仔虾发育的进程：P_1 表示仔虾期第一天，P_2 表示仔虾期第二天……依此类推。大约在 P_{20} 之后成为幼虾，即为年幼的成虾。幼虾通过蜕皮生长，基本不再变态。

三、幼体阶段生态习性

1. 无节幼体生态习性

无节幼体因不具备完整的口器和消化器官，不能摄食，靠自身卵黄为营养。无节幼体以 3 对附肢在水中作间歇式运动，有明显的趋光行为。

2. 溞状幼体生态习性

溞状幼体前期活动能力弱，主动摄食能力差。溞状幼体开始摄食浮游单胞藻类如硅藻、绿藻等，后期也可摄食小型浮游动物如轮虫、卤虫无节幼体等。溞状幼体常见在体后拖一条细长粪便丝。有明显的趋光行为。

3. 糠虾幼体生态习性

糠虾幼体在水中为倒立态垂直游动和弹跃。除摄食单胞藻类外，主要摄食浮游动物如轮虫、卤虫无节幼体、贝类幼虫等。有趋光性。

4. 仔虾幼体生态习性

仔虾初期营浮游生活，摄食浮游生物。P_4 以后渐转入底栖生活，会爬行、平游、后退、升降和弹跳。摄食小型底栖生物及小型底栖动物尸体。斑节对虾仔虾具有明显的伏底习性。在人工育苗生产中，常见斑节对虾仔虾静伏于池底池壁，通常称为"伏壁"现象。

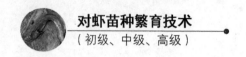

第七节　对虾幼体阶段分期形态鉴别特征

一、无节幼体形态特征

无节幼体形状为椭圆形，体不分节，具 3 对附肢故又称六肢幼虫，前端正中有一红色眼点，尾端有成对的尾棘（图 2.10）。无节幼体分为六期：

① 无节幼体 I 期：附肢的刚毛光滑，尾棘 1 对。

② 无节幼体 II 期：附肢的刚毛羽状，尾棘仍为 1 对。

③ 无节幼体 III 期：尾棘 3 对，尾部末缘凹陷为尾凹。

④ 无节幼体 IV 期：尾棘 4 对，尾凹加深。

⑤ 无节幼体 V 期：尾棘 4 对，头胸甲雏形可见。

⑥ 无节幼体 VI 期：尾棘 6 对，尾部加长，头胸甲椭圆显现。

二、溞状幼体形态特征

体前部宽大披以头胸甲，后部细长，体分节，附肢 7 对，复眼、口器及消化器官形成（图 2.11）。溞状幼体分为三期：

① 溞状幼体 I 期：仍具中眼，成对复眼雏形，胸部分节明显。

② 溞状幼体 II 期：头胸甲出现额角，复眼显露具眼柄。

③ 溞状幼体 III 期：尾节增大，尾肢显露。

三、糠虾幼体形态特征

头胸部愈合，为头胸甲覆盖，头胸部与腹部区分明显，附肢齐全，已初具虾形（图 2.12 和图 2.13）。糠虾幼体分为三期：

① 糠虾幼体 I 期：步足短小双肢明显，腹肢雏形呈乳突状。

② 糠虾幼体 Ⅱ 期：前三对步足内肢末部出现螯状雏形，腹肢指状，在乳突上长出第二节。

③ 糠虾幼体 Ⅲ 期：步足内肢长大，外肢退化，前三对步足具螯，腹肢叶状明显延长增大。

四、仔虾形态特征

仔虾期又称幼体后期。仔虾期的幼体，体躯明显增大，形态结构逐渐完善，渐与成虾相似。额角上缘小齿数逐渐增多，下缘出现小齿。尾凹和尾棘逐渐消失，尾节渐成尖形。步足内肢增大，外肢退缩消失。腹肢内、外肢增大。

仔虾期形态变化相对稳定，不再明确分期。生产上习惯用"日龄"（P_1、P_2……）来表示仔虾发育的进程。

五、不同幼体各期主要形态特征差异

幼体发育期是育苗生产管理中采取不同技术措施的主要依据。因此，掌握不同发育期幼体的重要形态特征，及时、准确判断幼体的发育期，是育苗工最基本的技能要求。

溞状幼体不同于无节幼体的主要形态特征为，身体分节，有头胸甲。溞状幼体 3 个发育期的形态差异为，Z_1 单眼、无眼柄、无额角，Z_2 双眼、有眼柄、有额角，Z_3 有尾扇、最后腹节显著延长。

糠虾幼体不同于溞状幼体的主要形态特征为，长出腹肢、尾扇延伸至与尾节等长，水中头朝下呈倒栽状。糠虾幼体 3 个发育期的形态差异为，M_1 腹肢为乳突状，M_2 腹肢在乳突的基础上长出第二节，M_3 腹肢第二节显著延长。

仔虾幼体不同于糠虾的主要形态特征为，腹肢长出刚毛，水中平行游泳。

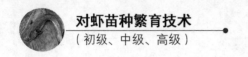
第八节　我国养殖对虾的主要种类及其自然生态

一、我国养殖对虾主要种类简介

1. 中国明对虾（又称东方对虾，中国对虾，俗称对虾、明虾等）

中国明对虾是我国近海地方性特有种，主要分布在渤海、黄海、东海和南海的北部，因产卵洄游也分布到朝鲜半岛南岸海域。本种虾类也是对虾属中具有越冬洄游和产卵洄游习性的种类。中国明对虾是我国北方主要的渔业虾类，也是国内最早开发人工育苗、养殖的对虾种类。

2. 长毛明对虾（又称长毛对虾，俗称红虾、明虾、大虾等）

长毛明对虾在印度洋-西太平洋热带、亚热带区有广泛分布，在我国分布于浙江以南各省、区，是我国南方主要的渔业虾类，也是南方主要养殖虾类。

3. 墨吉明对虾

墨吉明对虾在印度洋-西太平洋热带、亚热带区有广泛分布，在我国分布于福建以南各省、区，是广东、广西壮族自治区及海南岛重要的渔业虾类，也是常见的养殖虾类。

4. 斑节对虾（俗称草虾、花虾、斑节虾、虎虾、鬼虾等）

斑节对虾是对虾属中个体最大的种类之一，大的雌虾体长可达33厘米，体重近500克。本种对虾广泛分布于印度洋-西太平洋热带、亚热带海域，自然种群主要在热带海域。在我国分布于福建以南各省、区海域，亲体资源主要见于我国台湾和海南岛以南海区。斑节对虾是我国南海主要的渔业经济虾类，也是南方主要养殖虾类。

5. 日本囊对虾（又称日本对虾，俗称沙虾、斑节虾、九节虾、花虾等）

日本囊对虾在印度洋–西太平洋热带、亚热带区有广泛分布，在我国分布于江苏南部以南各省、区，是我国南方主要的渔业虾类，也是南方主要养殖虾类。

6. 凡纳滨对虾（又称南美白对虾、白对虾，俗称白虾、白肢虾）

凡纳滨对虾为热带性种类，分布于中、南美洲太平洋沿岸墨西哥湾至秘鲁中部水域，以厄瓜多尔沿岸的分布最为集中，其爱丝米拉塔沿岸周年都有怀卵的雌虾亲体出现。本种是世界虾类养殖产量最高的优良虾种之一。我国于上 20 世纪 90 年代成功引进凡纳滨对虾养殖，很快成为全国沿海对虾养殖的核心品种。

7. 刀额新对虾（俗称沙虾、泥虾、芦虾等）

刀额新对虾是对虾科新对虾属的种类，广泛分布于印度洋–西太平洋热带、亚热带海区。在我国主要分布于浙江以南各省、区海域，尤以南海资源丰富，成为重要的虾类渔业。本种对虾是我国南方常见育苗、养殖的中型虾类。

二、我国养殖对虾主要种类的自然生态习性

1. 不同发育阶段的食性

对虾是底栖性的甲壳动物，靠步足捕捉食物，然后用大颚切碎摄食。对

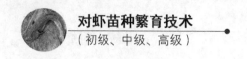
虾的食性较广，对食物无严格的选择性。但不同的发育阶段食性有所不同。

（1）幼体的食性

对虾幼体发育阶段，主要以浮游植物和浮游动物为食。从溞状幼体开始摄食单胞藻（如硅藻、多甲藻等），随着个体发育逐渐过渡到以小型浮游动物（如卤虫无节幼体、贝类幼体等）为食。到仔虾阶段，摄食动物性饵料的比例增大。

（2）幼虾的食性

幼虾（指体长 3~4 厘米的发育阶段）期主要摄食小型底栖动植物，如底栖硅藻、绿藻、轮虫、桡足类等。由于河口内湾饵料丰富，通常是幼虾觅食聚栖的场所。

（3）成虾的食性

成虾的食物主要有多毛类环节动物、小型贝类、小杂鱼、动物尸体等。

2. 不同种类对虾对环境因子的要求

生活在自然海区的对虾，不同的种类对环境因子的要求有差异，概要如表 2.1。

表 2.1　几种对虾（成虾）适宜的自然环境因子摘要

种类	温度℃	盐度	其他
中国明对虾	18~30，不<4、>39	2~43（广盐性）	耐低溶氧
日本囊对虾	20~30，不<5、>32	15~30	有潜沙习性
斑节对虾	25~32，不<14、>38	10~33（广盐性）	有附草习性，耐低溶氧
长毛明对虾	13~31，不<12、>32	19~33	不耐低溶氧
墨吉明对虾	18~29，不<13、>34	20~30（狭盐性）	需透明度较高水域
凡纳滨对虾	25~32，不<18、>43	2~40（广盐性）	适应低蛋白质饵料，可海淡养

3. 对虾的洄游（图 2.14）

中国明对虾属于洄游型的对虾种类，它的生活期要经过两次洄游。分布于黄、渤海的中国明对虾，7—9 月是其主要的索饵育肥期，当年生的对虾到冬季已长成健硕的个体。冬季到来之前黄、渤海水温下降到 10℃ 时，对虾群集游向黄海南部温暖的水域过冬，这就是越冬洄游。在越冬场，对虾的摄食能力和活动能力都弱，虾群分散。当春季到来水温回升时对虾又集体北上黄、渤海沿岸寻找产卵场产卵，这就是产卵洄游。

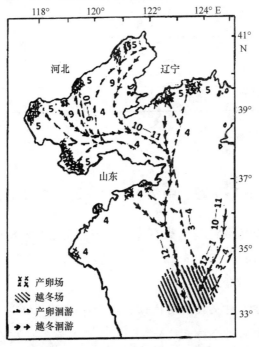

图 2.14　中国明对虾的洄游路线

其他对虾属于"定居型"对虾，一般是冬季游向较深的水域越冬，春季回到沿岸浅水区产卵。群体移动距离短。

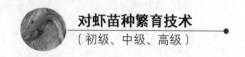

三、我国主要养殖对虾种类的自然繁殖季节

不同种类的对虾，繁殖季节不同，概要如表2.2。

表 2.2　几种对虾的自然繁殖季节

种类	繁殖季节	种群移动或洄游
中国明对虾	4—6月，盛期5月	产卵洄游
日本囊对虾	全年都有产卵，盛期12至翌年3月	向近岸移动
斑节对虾	7—11月和2—3月	向近岸移动
长毛明对虾	3—6月和8—10月，盛期3—5月	向近岸移动
墨吉明对虾	3—9月，盛期3—5月	向近岸移动
凡纳滨对虾	全年都有产卵，盛期4—9月（厄瓜多尔）	向近岸移动
刀额新对虾	全年都有产卵，盛期3—9月（广东）	向近岸移动

思考题（初级工：1~7题；中级工：1~9题；高级工：1~14题）

1. 生物分类系统有哪七个基本阶元（级别）？凡纳滨对虾在生物分类系统的什么位置？

2. 概述对虾的附肢及其功能。

3. 概述雌、雄对虾交接器的体位和形态特征。

4. 简述雌、雄虾生殖系统的体位、主要器官组成及其形态。

5. 简述对虾消化系统组成各器官的位置。

6. 简述开放型与闭锁型两种纳精囊类型对虾不同的繁殖习性。

7. 生物生活史的定义是什么？简述对虾的生活史过程。

8. 何为变态发育？从受精卵到幼虾经历哪些发育阶段？哪些发育阶段属

于幼体阶段？

9. 概述对虾无节幼体、溞状幼体、糠虾幼体和仔虾幼体四个幼体阶段的生态习性特点。

10. 对虾性腺发育分为几期，各期有什么区别特征？

11. 分别说明对虾无节幼体、溞状幼体、糠虾幼体和仔虾幼体四个幼体阶段分期的主要形态鉴别特征。

12. 简述对虾胚胎发育主要过程。

13. 简述我国养殖对虾主要种类在中国海区的自然分布。

14. 简述我国养殖对虾主要种类的温度、盐度自然环境因子要求。

15. 简述我国养殖对虾主要种类的自然繁殖季节。

16. 什么叫对虾的洄游？中国明对虾有怎样的洄游习性？

第三章
对虾育苗场的建设

[内容提要] 主要介绍育苗场场地的选择条件；基础设施布局原则；亲虾培育、育苗生产和饵料生物培养车间的建造；供水、供热、供气和供电系统等设施设备及育苗专用工具等。

[分级要求掌握的内容] 初级工：第一节和第四节；中级工：第一节、第二节和第四节；高级工：全部。

第一节　育苗场场地的选择与基础设施的布局

一、育苗场场地选择

选择对虾育苗场地应对拟选的场址、场地的自然环境和社会环境条件调查分析，实地踏勘，并满足以下基本条件：

① 风浪小、海水清新的滨海台地或低丘场所，满足在最大潮汐及台风暴潮时淹不到的高程。

② 远离工业及生活排污源，不受污染影响。

③ 自然海区周年水质要素相对稳定，水质符合 GB 11607《渔业水质标准》的相关规定。

④ 交通便利，供水（淡水）、供电充足。

二、育苗场取水海区的主要水化指标要求

育苗场取水海区的主要水化指标要求如下：盐度 25～34，pH 值 7.8～8.6，主要重金属离子以不超过如下指标为控制范围：汞（Hg^{2+}）0.000 5 毫克/升，铅（Pb^{2+}）0.05 毫克/升，铜（Cu^{2+}）0.01 毫克/升，锌（Zn^{2+}）0.1 毫克/升，镉（Cd^{2+}）0.03 毫克/升。

三、育苗场基础设施总体布局的原则

对虾育苗场主要基础设施有亲虾培育车室、产卵孵化室、育苗室、饵料生物培养室、化验室、配电房、锅炉房、鼓风机房、仓库和后勤配套设施等。按照工厂化育苗生产的要求，根据各类设施设备的用途及其关联，围绕主体设施亲虾培育室、产卵孵化室和育苗室合理进行总体布局，并注意以下原则。

① 育苗场总排水口应置于取水区海流的下游并远离取水海区，避免受排污水的自身污染。有条件的育苗场应设置集污消毒池，污水消毒处理后再排放。

② 为避免锅炉房煤灰、烟尘污染以及鼓风机噪声污染，锅炉房和鼓风机房应布置在育苗场的下风处，与育苗生产区及办公、生活区有适当的距离。

③ 为便于日常对育苗水体、幼体以及其他生物取样观察和测试化验，化验室宜靠近育苗室。

④ 供水系统设施具有多级水位落差，可因地制宜利用育苗场地的地形落差合理布局，如过滤池、储水池、育苗池等，以利于便捷用水又节约相关的生产成本。

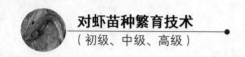

⑤ 藻类培养池建于阳光充足的地方以利于藻类繁殖培养。池底高程最好超过育苗池面，以便于培养好的饵料藻类通过管道输入育苗池投喂。

第二节 亲虾培育、育苗生产车间和饵料生物培养室的建设

一、亲虾培育与产卵孵化车间的建造

1. 车间构建

亲虾培育与产卵孵化车间是亲虾培育→交配→产卵→孵化→无节幼体培育生产的场所，是对虾育苗场的主体设施之一，车间通常采用钢筋混凝土框架、顶板和砖墙的整体结构，或者角钢框架、泡沫夹板墙和顶棚的组合结构。墙体应有足够面积的玻璃窗并配置深色窗帘，顶板或顶棚应有足够面积的天窗并配置遮光帘幕，以便调节适宜的光照，辅助保温、降温以及必要的通风透气。

2. 亲虾培育池

亲虾培育池以半埋式建造为好，利于保温及方便地面平台操作。每口池面积 20～30 平方米，长方形或正方形，四角抹成弧形，池深 80～100 厘米。池底和池壁均匀涂抹水产专用的无毒油漆。排水孔最好设在池底中央，坡度 2%～3%。在池底设地漏式排水口，口径 4 英寸①，排水口封大眼筛网。亲虾培育池一般采用双排列布局，中间工作走道宽约 1.5 米，铺以活动木板，走

---

① 英寸：英美制长度单位，1 英寸＝0.025 4 米。

道下设置若干个箱型排水槽。每个培育池都安装输水、充气和加温设备，池上方安装日光灯。培育池之间留出宽约 60 厘米的操作管理走道。

　　一般情况下亲虾越冬与育苗季节是错开的，亲虾培育池可兼做亲虾越冬培育。冬季气温仍较高的南方地区可采用室外池越冬培育和选育亲虾。室外越冬池面积酌定，可采用混凝土池壁，池底铺设防渗地膜。

　　3. 产卵孵化池

　　产卵孵化池的建造形式及每口池的面积均与亲虾培育池相似，只是池深较大，为 1.5 米。产卵孵化池与育苗池、亲虾培育池可互为兼用。

二、育苗生产车间的建造

　　1. 车间构建（图 3.1）

图 3.1　育苗车间的玻璃顶棚

　　育苗室是无节幼体→溞状幼体→糠虾幼体→仔虾幼体培育生产的厂房，也是对虾育苗场的主体设施之一。育苗室厂房的朝向一般取东西走向，其建

造结构与亲虾培育室厂房相似，但屋顶通常使用透光率在 60%~70% 以上的玻璃钢波纹瓦覆盖，并开设天窗或室内房顶设遮光帘，以调节光照强度。

2. 育苗池（图 3.2）

育苗池排列布局与亲虾池相似，一般相邻或相对的 4 个池，排水口放在同一个排水槽。排水槽之间用 2~3 根 5 英寸排水管相连，并予以填埋。育苗池有座式、半埋式或全埋式等几种类型，以半埋式为好。育苗池一般为长方形，长宽比为 2:1，四角抹成弧形。每口池面积 18~24 平方米，池深 1.5~1.8 米。为满足异常情况（同批苗量特别少时）的需要，还应设置几个较小的育苗池。育苗池池底设有地漏式排水口，口径 4 英寸，池底倾向排水孔的坡度 2%~3%。育苗池的池底和池壁均匀涂抹水产专用的无毒油漆。每口育苗池都设有输水、充气和加温设备。在育苗生产休场季节，育苗池也可用于亲虾越冬蓄养。

图 3.2　育苗车间培育池分布

3. 集苗水槽设置（图 3.3）

集苗水槽设置在育苗池双排布局的中间过道下，槽底应低于育苗池排水孔 20~30 厘米，而排水孔的管口应伸出墙体约 15 厘米，以便与集苗网箱袖口连接。出苗时放入集苗网箱，网箱侧面袖口套接排水管孔，接收虾苗。

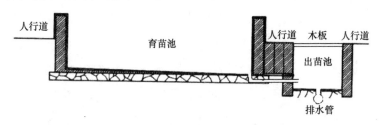

图 3.3　育苗池剖面图

三、饵料生物培养室建造

对虾幼体的生物饵料有植物类饵料生物（主要是单胞藻类）和动物类饵料生物（主要是卤虫无节幼体和轮虫）两大类。

1. 藻类培养室

藻类培养室应建在阳光充足的地方，藻类生产性培养需控温及调节光照，应选用透光率强的材料建造框架式的藻类培养室"玻璃房"，并设置遮光网或帘幕调节光照，培养池采用瓷砖池或水泥池，布局可参照育苗池。大小规格及数量应视育苗水体总量而设置。一般每口池面积 2~10 平方米，池深 0.8~1.0 米。池底高程最好超过育苗池面，以便投藻时可通过管道直接把藻液输入育苗池。藻类池应在池底和距池底 20 厘米处的池壁各设置 1 个排水孔，这样底孔便于清洗，上孔便于清洁收集。

在常年气温较高的南方地区，藻类培养池通常建在室外，并设置顶棚防雨及调节光照。藻类培养池不可与动物类饵料生物培养池轮用，防止轮虫等浮游动物"污染"。

2. 卤虫孵化室

在对虾育苗生产中，卤虫无节幼体是主要的动物类饵料生物。卤虫卵孵化的设备采用购置的专用玻璃钢槽（图 3.4a），通常呈圆桶形，容积为 0.5 立方米，使用时搬动方便。育苗生产规模大的育苗场可增建室内卤虫卵孵化的水泥池（图 3.4b），每口池面积 2~5 立方米，呈锅底形，深 1.0~1.3 米，在池底中央及离池底 10~20 厘米处各设一排水孔，便于排污及收集卤虫无节幼体。

图 3.4　卤虫孵化现场

a：玻璃钢槽孵化；b：水泥池孵化

第三节　供水、供热、供气和供电系统设施设备

一、供水系统

1. 供水系统的设施组合及输水流程

供水系统的主要设施组合及其输水流程有两种情况：

① 在洁净的沙滩海区取水其设施组合及其输水流程是：

管埋式或沙井式取水→沙滤池→贮水池→用水池。

② 在泥沙滩或泥沙滩海区取水其设施组合及其输水流程是：

蓄水池纳潮蓄水→沉淀池→沙滤池→贮水池→用水池。

2. 取水设施

（1）第一种取水方式

① 管埋式（图 3.5a）。在低潮线附近埋一 "T" 字形的 PVC 塑料水管，"T" 字管上钻小孔，密度大滤水流量大。用 100 目或 120 目的筛网包住，埋入约 30~50 厘米沙中汲水。"T" 形管主管及两翼共长 8~12 米，主水管通过法兰盘装置连接到抽水泵上。

② 沙井式（图 3.5b）。开凿并以砖石构建海滩沙滤水井取水，水井直径 2 米，井深可根据海区的沙层底质而定，一般深 3~6 米。

（2）第二种取水方式

在泥沙滩涂建一定面积的纳潮蓄水池，也可因地制宜用洁净、规整的养虾池代替。纳潮海水约经一个潮汐周期沉淀后泵入二级蓄水沉淀池，二级沉淀 24~48 小时后再泵入沙滤池过滤。二级蓄水沉淀池总蓄水量应占种苗生产

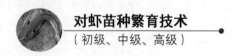
用水量的 30%～50%。为了保证每天供水充足，沉淀池应隔成 2～3 个，以便轮换使用，池顶需加盖或搭棚遮光。

图 3.5　取水方式

a：埋管式（潮下带）；b：沙井取水（潮上带）

3. 砂滤池

（1）砂滤池设施概述

砂滤池有多种形式，普遍采用开放式砂滤池。它利用水的重力，自动过滤。该方式过滤速度稍慢，需要定期冲洗，但水质较好且经济实用。砂滤池为供水系统最高程的设施单元，可利用地形建于高处。其规模应视海区水质清净状况及育苗用水总量而定，通常建两口池以便轮换使用。砂滤以卵石、粗沙和细沙三层相叠组成。

（2）砂滤池结构（图 3.6a）

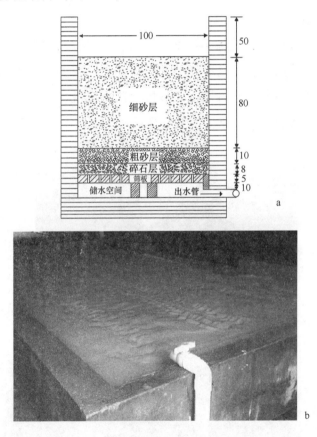

图 3.6　砂滤池结构

a：砂滤池滤料分布；b：砂滤池表面图

开放式砂滤池的最上层为细沙，厚度一般为 80 厘米，但不能小于 60 厘

米。若细沙层太薄，过滤的水不干净，若细沙层太厚，水过滤太慢，不能满足水的需要。中层为粒度较大的粗砂，是过渡层，厚度 20~40 厘米。下层为小石块，厚度约 20 厘米。底层铺设水泥板，上面留有多个孔，便于滤出的水通过。培养饵料生物及亲虾产卵孵化用水必须经过砂滤除去敌害生物和海水中的悬浮物（图 3.6b）。

（3）砂滤器

过滤设备还有反冲式过滤器，如砂滤缸（图 3.7），其结构简单、运行、反洗比较方便，其操作主要是通过调节 4 个阀门，改变水的方向，运行时是上进下出，反洗时是下进上出，再通过排污阀将反洗的污水排出，然后通过正洗，直至出水清澈干净为止。砂滤缸是反冲式密闭加压过滤设备，体积小，过滤快，造价略高。

图 3.7　反冲式砂滤缸

4. 贮水池

水经砂滤池过滤后输入贮水池贮存使用。贮水池建在砂滤池的下方，直接承纳过滤水。贮水池出水口高于其他用水池。贮水池的贮水量应大于所有生产用水总量的 30% 左右。

有的育苗场还增建高位水塔，目的在于弥补贮水池对于各类用水池水位落差的不足。水塔建在地势较高的地方，砂滤水由水泵入高位水塔中储存备用。水塔的容量应大于育苗池总容量的1/5。

5. 水泵

水泵应根据吸程和扬程的要求选择，一般多使用自吸式离心水泵，其大小应根据育苗水体大小而定。输水管道禁用铅管、铜管、镀锌管和橡皮管，应使用对幼体无害的优质PVC塑料管或水泥管，管的大小应根据使用的水泵选择。聚丙烯管虽然无毒，但容易变形和破裂，使用中应予维护。

二、供气系统

供气系统的主要设施设备有：充气机及其机房、送气管道、散气石或散气管。

1. 充气机

充气机常使用罗茨鼓风机或空气压缩机。罗茨鼓风机风量大、压力稳定且气体不含油污，适用于大规模育苗生产。水深1米以内可选用风压为0.2千克/厘米^{2}的罗茨鼓风机，水深1.5米以上的育苗池可选用风压为0.35~0.5千克/厘米^{2}的鼓风机。鼓风机的数量要根据育苗场的规模而定，且应有配备。

2. 送气管

送气管分为主管、分管及支管。主管连接鼓风机，常用口径为12~18厘米的硬质塑料管；分管口径6~9厘米，也为硬质塑料管；支管为口径0.6~1.0厘米的塑料软管，下接散气石。

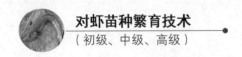
3. 气石散气与微管充气装置及其布设（图3.8）

在育苗池中，一般采用长3~8厘米、直径2~4厘米，200~400号金刚砂制成的砂轮气石，每平方米池底布设4~6个气石为宜，并在送气管道上设有调节气量的开关。

图3.8　育苗池气石分布与微管布局

a：气石；b：微管

微管为PVC塑料管，口径20毫米，每隔2厘米钻一小孔，孔径0.8毫米，排列成一条直线，散气管的布置可根据水池大小及池形来考虑，散气管间距 50~100 厘米，与育苗池成纵向排列，可固定于距离池底 3~5 厘米处。

三、供热系统

根据各地区气候和能源状况的不同，采用不同供热方式。生产上用锅炉蒸汽或热水通过管道增温，也可使用其他设施，如电热器、工厂余热、地热水和太阳能等增温。

锅炉供热（图 3.9）有蒸汽锅炉和热水锅炉两种，用镀锌管把蒸汽或热水送到池边，接入不锈钢管或钛管在育苗池水中循环传热，然后回流到池边同样是镀锌管的回流管。加热管的布设要利于安装和维修，一般距离池壁、池底各 20 厘米，每池单独设一控制通气量的阀门，也可加装自动控温仪调控温度。

（1）蒸气锅炉供热

蒸汽锅炉的配置为增温每 1 000 立方米水体需用蒸发量为 256 万~504 万焦耳（1~2 吨/小时）规格的锅炉一台。

（2）热水锅炉供热

一般规模的育苗场需配备 2~3 吨热水锅炉 1~2 个。镀锌管和池内散热管之间可用塑料软管连接。

由于热水锅炉安全性能好且技术操作要求低，因此目前大部分育苗场均采用热水锅炉增温。

（3）电加热器供热

小水体加温，如卤虫孵化池加温可用电热棒（钛棒、不锈钢棒）或电热床等在水下加热，也可用电热板等增温，加热器根据加温需要配备不同功率的加热功率，使用时可用控制仪来调节温度。

图 3.9　锅炉供热系统
a：锅炉；b：管道布局

四、供电设备

育苗场应安装有三相动力电，有专门的配电房。由于育苗期间需要 24 小时连续供电，需配备一个发电机组备用，以保证停电时应急需要。发电机组功率视育苗场用电负荷而定，50～80 千瓦都适用，一般应为额定用电量的120%。育苗场地面接触海水机会多，较易导电，电力设施的安装要严格按要求操作。

第四节　育苗专用工具

育苗工具多种多样，如运送亲虾的帆布桶、饲养亲虾的暂养桶、供亲虾产卵孵化的网箱和网箱架、检查幼体的取样杯、换水用的滤水网和虹吸管（如虹吸换水、虹吸集苗、虹吸倒苗等），还有推卵器、塑料桶、水勺、抄网及清污用的板刷等。这些工具使用前要消毒，专池专用，严防污染。育苗工具重在无害处理，如木制用品（如网箱架）和橡胶用品（橡皮管），如在使用之前不经过长时间浸泡可能对幼体产生毒害。

一、筛绢

筛绢（筛绢网国际标准、号码及规格参见附录1）在育苗生产上是必备的，它用于过滤、换水、集苗、采收生物饵料（轮虫、卤虫幼体）等。

筛绢的型号多，以网的孔径及织网的方法等而划分的。网以网目数来区分孔径大小，目数越多，孔径越小。目数指每英寸见方对角线上的总目数。

二、取样杯

一般用烧杯作取样杯，用以舀取育苗池水样观察幼体密度、活动情况、饵料、水质状况等。有100毫升、250毫升和500毫升等。如若观察池中、下层幼体情况，用自制带柄的观察瓶于相应的水层中取样。

三、捞网

亲虾手捞网用粗渔网线制成而成，网兜不要太深（图3.10）。捞取轮虫的捞网，选用网目为150~200目，长50厘米，口径为30厘米左右的网兜。兜口处加40~60目的筛绢以滤除大型杂物及水生生物。捞取仔虾的手抄网，选用 40 目，口径 30 厘米的浅兜网。

图 3.10　亲虾手抄网

四、推卵器

图 3.11　推卵器

推卵器（图3.11）一般在白色塑料板或切菜用的塑料砧板（35厘米×25厘米）上钻20~25个直径2.5厘米左右圆孔，中间套一长度为3~5米的木棍或竹杆。

五、集苗框与集苗网

用钢筋或不锈钢架焊六面体，长宽规格略小于收集虾苗的水槽（以便出苗时安装），高度80厘米左右。集苗网规格略小于集苗框，在集苗网的一面开一直径15厘米的出苗孔（图3.12）。

图3.12 集苗设备

a：集苗框；b：集苗网箱

六、换水网笼与排水管

换水网笼一般用不锈钢制成规格50厘米×50厘米×（120~150）厘米的网笼，外套筛绢网（图3.13）。内设直径25厘米，高70~100厘米圆框。换水时将换水管伸入到圆框内防止换水时虾苗吸附在网笼的筛绢上。

排水管一般采用塑料管，其中亲虾池排水管口径10厘米左右，育苗池排水管口径5厘米左右。

图 3.13　换水网笼

七、工具使用与维护注意事项

为防止工具传播病原或产生污染，工具使用时应注意：

① 新制的橡胶管、聚氯乙烯制品和木质网箱架等，使用前要彻底浸泡；

② 铜、锌和镀铬等金属制品的工具，入水后会有重金属等有毒离子渗析出来，必须禁用；

③ 任何工具在使用前都必须清洗消毒，可设置专用消毒水缸，用 250×10^{-6} 的福尔马林消毒，工具用后要立即冲洗；

④ 工具要专池专用，特别是取样杯，最容易成为疾病传播媒介，要严禁串池。

思考题：（初级工：1~3题 ；中级工：1~7题 ；高级工：1~14题）

1. 育苗场场地选择应满足哪些基本条件？

2. 育苗场基础设施总体布局注意事项有哪些？

3. 对虾育苗生产中有哪些专用工具？各有什么用途？

4. 叙述亲虾培育池与产卵孵化池的基本结构。

5. 叙述对虾育苗池与集苗水槽的基本结构。

6. 叙述藻类培养室建造的要求。

7. 叙述卤虫无节幼体培育池的类型与规格。

8. 供水系统设施设备有哪两种方式的组合和输水流程？

9. 如何采用适当的取水方式？

10. 砂滤池设施有哪些类型？

11. 简述开放式砂滤池的结构。

12. 育苗场取水海区的主要水化指标有哪些要求？

13. 如何布设育苗池的石和微管？

14. 对虾育苗生产场一般有哪两种供热锅炉？各有什么工作特点？

第四章
育苗设施设备和生产用水的消毒处理

[**内容提要**] 主要介绍消毒与处理的基本知识；苗设施设备和生产用水的消毒处理的方法；育苗用水主要理化指标调适等。

[**分级要求掌握的内容**] 初、中、高级工均全部掌握，分子式和化学反应式，不要求掌握。

第一节　消毒与处理的基本知识

一、设施设备及生产用水消毒与处理的目的

对虾育苗设施设备（包括工具）和生产用水的消毒与处理目的在于杜绝病原菌、敌害生物的入侵和传播，排除杂质干扰和危害，调节适宜的水化因子如盐度、酸碱度等，从而营造对虾育苗生产最佳的水体环境。这是对虾育苗生产重要的常规环节，关系到对虾的健康培育和生产成效。

二、消毒与处理方法概述

对虾育苗生产中的消毒分两大类即物理方法与化学方法。物理方法可以多项联用，如沉淀、过滤、煮沸、紫外线照射和吸附等；化学方法一般单项选用，如漂白粉、次氯酸钠、高锰酸钾、甲醛等消毒液消毒。不同设施设备及生产用水有不同的消毒与处理方法。设施设备（包括工具）的消毒与处理主要是清洗与消毒；生产用水的消毒与处理主要有沉淀、过滤、消毒以及水化因子如盐度、酸碱度调适和重金属离子去除等。

三、消毒药液配制的基本知识

1. 消毒药液浓度的概念

溶剂指能溶解别种物质的液体，溶质指能被溶剂溶解的物质。溶液是指溶质溶解在溶剂中所形成的均匀状态的混合物，其浓度是指单位溶液里含有溶质的量。消毒药液浓度是指单位消毒溶液里（溶剂与溶质混合物），含有消毒药物（溶质）的量。消毒药物（溶质）主要有固相（如高锰酸钾、漂白粉等）和液相（如酒精、甲醛等）。例如，高锰酸钾消毒液浓度 20 毫克/升，即表示 1 升消毒液中含有高锰酸钾 20 毫克；甲醛（福尔马林）消毒液浓度 100 毫升/升，即表示 1 升消毒液中含有甲醛药液 100 毫升。

2. 药物用量的计算

根据需要配制消毒液的体积和消毒溶液的浓度，计算药物用量。公式如下：

药物用量＝配制浓度×消毒水体积

例如，现有池面积 30 平方米，水深 20 厘米的水体，要配制成 50 毫克/

升浓度的锰酸钾消毒水，需要多少高锰酸钾？按上式计算需要 300 克高锰酸钾。

又例如，水体体积为 15 立方米，要配制成浓度为 100 毫升/升的甲醛（福尔马林）消毒液，则需甲醛 $15 \times 100 \times 10^{-6} = 1.5 \times 10^{-3}$ 立方米，即 1.5 升甲醛。

第二节　对虾育苗设施设备的消毒

一、水泥池及其附属设施的清洗消毒

1. 清洗消毒操作（图 4.1）

先用普通海水或淡水加压冲刷，去掉内外附污物，然后在池中注入 20～30 厘米高的过滤海水，根据海水体积和拟定的浓度进行计算并量取所需药物，并均匀洒入池中，充分搅拌使药物完全溶解后用勺舀起泼洒池壁，并用硬毛刷洗刷池子内壁、池沿、池底以及输水、输气管道、排水沟、水槽等附

图 4.1　洗池

属设施和工作走道，如用高压水枪直接抽取消毒液冲洗效果更好，浸泡 30~
60 分钟后，排出消毒水，再用过滤海水冲净、晾干备用。

　　大容器如卤虫卵孵化桶等的清洗消毒也参照上述操作。

　　新建的水泥池应事先用淡水或海水浸泡去碱，浸泡期一般为 1 个月，加
稻草或草酸浸泡可加快脱减进程。来不及浸泡的，可在池壁干后直接喷涂快
干、无毒的水产专用涂料。经喷涂的育苗池 3~5 天即可投入使用。

2. 常用消毒药液选项（一般单项选用）

　　① 高锰酸钾消毒液，浓度范围 20~50 毫克/升（图 4.2）。

图 4.2　育苗池的高锰酸钾消毒

a：泼洒；b：浸泡

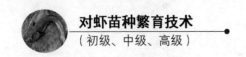

② 漂白粉消毒液，若使用含有效氯 25%~36% 的漂白粉时，消毒液浓度范围 100~200 毫克/升。

必须注意的是，漂白粉的药效取决于有效氯的含量，其有效氯成分极易挥发，运输、贮藏保管不良时药效会降低，使用前要先测定有效氯实际含量，依此换算相应的漂白粉的粉剂量。此外，若采用漂白精，也应根据其商品标定的有效氯含量计算相应的漂白精剂量。

③ 甲醛（福尔马林）消毒液（含甲醛 38%），浓度范围 100~200 毫升/升。

④ 次氯酸钠消毒液，浓度范围（含有效氯 8%）100 毫克/升。

二、玻璃器皿、搪瓷杯、盘清洗消毒

1. 煮沸消毒

将玻璃器皿、搪瓷杯、盘等小型用具浸没于水中煮沸 10~20 分钟，其中玻璃器皿要用纱布包裹防止碰碎。

2. 消毒液消毒

通常采用高锰酸钾消毒液，浓度 20~50 毫克/升浸泡消毒 20~30 分钟后，清洗残余消毒液，晾干。也可以用 70% 浓度的酒精消毒（卫生棉团蘸酒精擦拭消毒）。

3. 电热鼓风干燥箱消毒

将玻璃器皿、移液管、搪瓷杯、盘等洗净，沥干，放入烘箱中，关烘箱门、开通气孔、接通电源、加热至 120℃ 时，1~2 小时后停电，待烘箱内温度下降到室温后取出容器。

三、工具清洗消毒

对虾育苗生产使用的工具最常用的消毒方法是药物浸泡法。一般捞网、塑料桶、塑料勺、虹吸管、各种网具等，可用 50 毫克/升高锰酸钾溶液或 20 毫克/升硫酸铜溶液或 100 毫克/升福尔马林溶液或 5%盐水等浸泡 30 分钟，清洗残余消毒液，晒干后使用；木制或塑料工具可用 5%漂白粉药液浸泡消毒 30 分钟，在洁净水中洗净后再使用。

第三节　对虾育苗生产用水的消毒与处理

一、物理消毒处理方法（可以多项联用）

1. 海水沉淀与过滤的常规方法

（1）沉淀

蓄水池海水沉淀应遮光、静置，使悬浮颗粒及胶体物质沉淀同时避免藻类繁殖。海水经 24 小时沉淀后再进行过滤，否则容易阻塞过滤器。洁净的海水只需数小时的沉淀，浑浊的海水需经过 48~96 小时的沉淀。

（2）砂滤（图 4.3）

经沉淀后的海水，输入砂滤池过滤后，进入储水池待取用。

（3）网滤（图 4.4）

储水池水输入亲虾池、育苗池等时，其出水口均应加套 200 目以上的尼龙筛绢网或 5 微米过滤袋，通过网滤入池。

2. 紫外线消毒

紫外线杀菌力强、稳定可靠，生产上用紫外线消毒器照射育苗用水可抑

图 4.3　砂滤

图 4.4　网滤

制微生物的活动和繁殖，还可氧化水中的有机物质，改善水环境。紫外线消毒设备简单、使用方便、无副作用且经济实惠。

紫外线消毒处理装置主件是紫外线消毒器（图 4.5）。一般使用的紫外线波长为 400 纳米以下，有效波长 240~280 纳米，最佳为 254 纳米。

图 4.5　紫外线消毒器

对虾育苗场通常使用的是悬挂式和浸入式紫外线消毒器。悬挂式消毒器是将紫外线灯管通过支架悬挂于水槽上面，一般灯管距水面及灯管间距均为 15 厘米左右，灯管上面加反光罩，槽内水流量为 0.3~0.9 立方米/小时，在垂直水流方向设挡水板，使水产生湍流，而得到均匀的照射消毒；浸入式消毒器是将灯管浸在水中，照射消毒灯管周围的流水。

3. 吸附消毒

利用活性炭、沸石粉和麦饭石的吸附特性，海水经过活性炭、沸石粉或麦饭石过滤吸附，均能起到去毒或减毒的作用。

4. 海水煮沸消毒

将过滤海水煮沸消毒，冷却后沉淀、过滤，这是室内藻种培养用水量较少时常用的海水消毒方法。

二、化学消毒处理方法（一般单项选用）

1. 氯化剂消毒

（1）次氯酸钠［NaClO］消毒

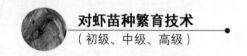
一般采用含有效氯8%~10%的次氯酸钠药液，按照浓度为100~150毫升/米³所需的次氯酸钠药液量，加入待消毒的海水，搅匀后静置12~24小时，再用硫代硫酸钠（俗称大苏打）消除余氯。消除余氯的经验方法是：硫代硫酸钠逐量添加，同时用淀粉碘化钾试纸或淀粉、碘化钾溶液检测余氯，若无呈蓝色反应即表明余氯已被中和，应停止添加硫代硫酸钠。

化学反应式：$2NaOCl + H_2O \rightarrow 2NaOH + 2Cl_2 + [O] \uparrow$

$Cl_2 + 2Na_2S_2O_3 \rightarrow 2NaCl + Na_2S_4O_2$

氯气和单原子氧均有杀灭病原生物的作用。用硫代硫酸钠消除余氯又勿使残余引起副作用，影响因素复杂，其用量应由化学分析结果决定，难于操作。

（2）漂白粉 $[Ca(ClO)_2 \cdot CaCl_2]$

又叫含氯石灰。次氯酸钠价格较高，因此，育苗中经常使用漂白粉来消毒海水、育苗工具和容器。它的消毒原理与次氯酸钠相似。市场出售的漂白粉含氯量为25%~35%，另一种是漂白（粉）精，它的含氯量为60%~70%，用其消毒育苗用水是按有效氯浓度10~20毫克/升计算的。

（3）二氧化氯

用二氧化氯对育苗用水进行消毒，采用浓度为0.3~0.5毫克/升。

2. 臭氧消毒

采用臭氧发生器产生气态臭氧通入水中。臭氧在水中连续发生还原反应，产生化学性质活泼、氧化能力极强的中间物质单原子氧（O）。单原子氧具有极强的杀菌能力和氧化降解有机胶体能力。

操作：启动臭氧发生器通过散布的充气装置对育苗水输入臭氧，池面加盖农用薄膜，跟踪观察，池水变蓝清澈见底时停止臭氧发生器工作（图4.6）。然后充分曝气或将臭氧处理水通过活性炭除去残余臭氧后，再通入育

图 4.6　臭氧发生器

苗池使用。

3. 甲醛消毒

用 20~30 毫升/米³ 甲醛消毒浓度处理育苗用水 24 小时，可杀灭细菌、病毒和部分原生动物，然后曝气 2 天，去除残余药物净化水质。

4. 新洁尔灭消毒

用浓度为 5 毫升/米³ 的新洁尔灭处理育苗用水 24 小时后，曝气 2~5 天，去除残余药物净化水质。

5. 海水中重金属盐类的去除

对虾的卵和幼体对多种重金属离子都很敏感，尤其是汞、锌、铜等离子浓度超标时，卵子不孵化、幼体畸形或死亡，参见表 4.1。

为预防重金属离子超标，通常用乙二胺四乙酸二钠（EDTA-2Na）消解。该药物对于亲虾的安全浓度是 35 毫克/升。在虾类育苗中，一般使用 2~10 毫克/升的浓度就可以达到消除重金属离子毒性的效果而对于对虾育苗是安全的。

表 4.1 常见重金属离子对对虾无节幼体的毒性 单位：毫克/升

金属种类	半致死浓度			安全浓度	
	24TLm	48TLm	96TLm	（1）	（2）
汞 Hg	0.058	0.009 5	0.009	0.000 08	0.000 9
铜 Cu	0.044 5	0.036	0.034	0.007	0.003 4
锌 Zn	0.645	0.340	0.047	0.03	—
铅 Pb	1.68	0.93	0.50	0.085	0.05
镉 Cd	1.60	0.48	0.078	0.014	0.008
银 Ag	0.064	0.053	0.053	0.011	0.005 3

乙二胺四乙酸二钠（EDTA－2Na）为白色粉末状晶体药物，分子式为 $C_{10}H_{14}O_8N_2Na_2 \cdot 2H_2O$。其结构中的两个钠离子，很容易被稳定常数大于 Na^+ 的离子（重金属）置换。重金属离子被耦合后失去毒性。乙二胺四乙酸二钠耦合重金属离子快速有效，一般使用安全，目前广泛应用于水产养殖业的苗种生产和养成中。

此外，也可使用乙二胺四乙酸（EDTA）来处理重金属离子，但因它难溶于海水，使用时需先用温淡水溶解后再均匀泼于池中。

第四节　对虾育苗生产用水盐度和 pH 值的调适

一、盐度的调适

对虾类育苗的海水盐度一般在 25～32。广盐性种类对虾苗后期幼体可以低盐驯化（俗称淡化），但对盐度突变（落差≥3）敏感。处于性腺快速发育期的亲虾尤其要避免盐度的突变。高盐度海水可通过添加淡水来降低盐度。

其加淡水量可由如下公式计算：

$$V(需加淡水立方米) = V_0(S_1 - S_2)/S_2$$

式中：V_0 为原海水体积，S_1、S_2 分别为原海水盐度及要求盐度。

同样，低盐度海水可通过添加卤水或粗盐来提高盐度。卤水以尚未结晶出盐、波美度为 15°~22° 的较好。如果盐度差不大（在 5 以内），也可用粗盐调整，其加盐量可由下式计算：

$$W(需加盐千克) = V_0(S_2 - S_1)$$

式中：V_0 为原海水体积，S_1、S_2 分别为原海水盐度及要求盐度。

二、海水酸碱度的调适

对虾育苗要求海水的 pH 值 7.8~8.4。有些内湾浮游植物丰度大，由于浮游植物的光合作用，pH 值往往过高，甚至超过 9，因此必须预先调适海水酸碱度。

调适 pH 值有多种方法：海水沉淀、储存应严密遮光以避免因浮游植物繁殖引起 pH 值变化；添加适量 $NaHCO_3$ 可使高 pH 值水平下降并形成酸碱水化缓冲；亦可用降碱灵、盐酸等降低育苗用水的 pH 值；加淡水也会降低 pH 值水平；当 pH 值在 7.8 以下时，可用生石灰调节，加生石灰的用量视 pH 值的高低而定。生石灰一般用量为 10~20 克/米^3。

思考题（初级工:1~7 题;中级工:1~9 题;高级工:全部 1~11 题）

1. 为什么要对设施设备及生产用水进行消毒与处理？

2. 什么是溶剂、溶质、溶液和溶液的浓度？

3. 叙述对虾育苗生产有哪些消毒与处理的常规方法？

4. 叙述水泥池及附属设施一般消毒的操作方法。

5. 叙述玻璃仪器等小件用具的消毒方法。

6. 叙述育苗生产工具的消毒方法。

7. 已知消毒液浓度、消毒水体或容器的体积，如何计算消毒药物的用量？

8. 分别说明次氯酸钠、漂白粉和臭氧的消毒原理。

9. 如何对育苗用水的盐度进行调整？

10. 如何对育苗用水的酸碱度进行调整？

11. 海水中哪些重金属离子对虾的卵和幼体有危害，如何处理？

第五章
亲虾培育、促熟与幼体生产

[**内容提要**] 主要介绍亲虾单选择与运输；亲虾越冬培育与管理；亲虾促熟技术；亲虾交配、产卵、孵化及无节幼体生产等。

[**分级要求掌握的内容**] 初级工：第一节和第三节；中、高级工：全部。

第一节 亲虾选择与越冬培育

一、亲虾的来源和选择

1. 亲虾来源

中国明对虾、长毛明对虾、日本囊对虾等品种在我国沿岸水域都有自然分布，可采集海捕亲虾满足育苗生产需要。其中中国明对虾全人工繁殖技术成熟，可人工养成培育亲虾。我国南方海区虽有斑节对虾自然分布，但其采捕的亲虾繁殖力较差，加上规模化全人工繁殖技术尚不成熟，所以我国育苗生产用的斑节对虾亲虾，主要还是依靠东南亚国家进口的海捕亲虾。凡纳滨

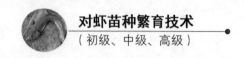
对虾在我国无自然分布，种原完全依赖进口，但其全人工繁育技术已非常成熟，所以亲虾的来源除进口自国外的 SPF 种虾外，大量的繁育亲虾主要来自商业养殖的成虾。

2. 亲虾选择

亲虾选择首先是个体大、月龄足、无病征，手感结实、有力，甲壳硬实、反应灵敏，肢体完整、体表光洁、体色鲜艳，鳃丝干净、无损伤。然后是选择不带病原。对闭锁型纳精囊类型，雌虾必须是已交尾且纳精囊饱满。如人工促熟技术尚不成熟的长毛明对虾，海捕亲虾一般是当晚就产卵的，因此必须选择性腺足够成熟的雌虾：外观上卵巢宽厚肥大，第一腹节处特别饱满，并向两侧下垂；卵巢前叶向前延伸至眼柄附近；卵巢呈深绿色或略带黄色。其他品种选择后须经过人工促熟才能达到性腺成熟。

凡纳滨对虾亲虾月龄要达到 10 个月，雌虾体重大于 40 克，雄虾体重大于 30 克。雄虾精荚乳白色，无黑化。进口斑节对虾亲虾，一般雌虾体重 125~200 克。中国明对虾选择越冬用亲虾，雌虾体长应大于 15 厘米。

亲虾采购及培育过程的各个节点（如引进时、越冬培育、产卵前）要经过 PCR 检测和其他病原检测，防止感染病原的亲虾进入虾苗培育系统。

二、亲虾运输

亲虾运输有陆运、水运或空运等不同运输方式和不同的包装方式，要根据不同品种、不同发育阶段和运输条件决定。

1. 陆运

一般指汽车运输，采用帆布桶或泡沫箱包装。采用车载帆布桶装水充氧运输亲虾，运载量较大，但容易损伤，适合运输个体较小、性腺尚未发育、价值较低的越冬用亲虾，如从养虾池采购越冬用凡纳滨对虾或中国明对虾。容积 0.5 立方米的帆布桶或玻璃钢桶，装水 70%，用 10 厘米高的网笼分层叠放，不间断充氧气，每桶可装平均体重约 20 克的备用亲虾约 25 千克，运输时间可达 24 小时。

泡沫箱包装，可用空运包装箱装水约 1/4 充氧，凡纳滨对虾、中国明对虾等品种每箱约 30 尾。体形较大且已处于性腺发育期的斑节对虾、日本囊对虾等品种，每箱 5~10 尾，无论是桶装或包装箱运输，运输过程水温应保持在 20℃ 以内。中国明对虾运输水温可以低至 8~10℃，高温季节应选用保温车，雨天应有顶棚。

2. 水运

船载帆布箱或玻璃钢桶等容器或以船舱活水运输，一般是海上捕捞亲虾时多采用的方法。如果两地临近码头、水路便利也可用水运。海路运输取水方便，运输过程有随时观察和操作的空间，保活更为可靠。但水运增加了上船下船的搬运环节，增加亲虾受伤的风险。

3. 空运

空运就是用空运的专用包装箱航空运输，适用于长距离运输。上述包装箱装虾密度可比车运略低，箱内放置 500 克冰块以防升温。同时为了防止额角刺破塑料袋，可在额角剑上套一段胶皮管。

日本囊对虾耐离水能力强，可以用干湿（无水）包装运输。亲虾埋在吸湿的木屑中装袋充氧，可陆运也可空运。

亲虾运输要求运输工具干净，帆布桶、玻璃钢桶、船舱等容器或使用过的包装袋，都要彻底清洗、消毒。包装箱充氧充足。桶装运输连续充氧不得中断，途中应经常检查、观察，必要时及时换水。

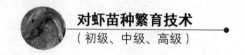
4. 运输亲虾进池前的处理

运输亲虾入池前应进行检疫和消毒。随机取 50～100 尾用 PCR 法检测是否携带病毒，并检测其他病原。可用（250～300）×10^{-6}甲醛消毒 3～5 分钟。亲虾入池前后的温差小于 2℃，盐度差小于 5。亲虾进池后水温变化以每小时不超过 2℃ 的速度逐渐调整至目标水温，盐度要求在 24 小时内逐步过渡到目标盐度。

三、亲虾越冬培育

凡纳滨对虾、中国明对虾等全人工繁殖技术成熟的品种，亲虾基本都是人工培育的，需要经过越冬。凡纳滨对虾越冬期大约在 11 月至翌年 3 月，中国明对虾越冬期大约在 10 月至翌年的 4 月。

1. 越冬池清洗、消毒

越冬亲虾入池之前，越冬池要全面清洗、消毒。可用漂白粉兑水浓度为（50～100）×10^{-6}或高锰酸钾兑水浓度为（50～100）×10^{-6}全池泼洒。越冬期用具如塑料桶、塑料勺、虹吸管、各种网具等要浸泡于池中的消毒水，漂白粉消毒 1 天后，用净水冲洗。各种用具尽可能做到专池专用，以防交叉感染（具体参照第五节育苗室、培育池的清洗消毒的内容）。

2. 越冬密度

凡纳滨对虾室内水泥池越冬，前期密度 30～40 尾/米^2，后期随着亲虾个体的生长，以及进入性腺发育期水温升高，密度降为 20～30 尾/米^2（中国明对虾培育密度降为 15～20 尾/米^2）。中国明对虾是在雌虾性腺尚未发育时交配的，为提高人工条件下的交配率，雌、雄亲虾的比例为 1∶1～1∶1.2。凡纳滨对虾雌虾是先性腺成熟再交配，雌雄比例 1 :1～1 :1.5。

3. 越冬期的水质管理

（1）水温

亲虾越冬期间要保持水温稳定，防止温度频繁变化，影响越冬亲虾的摄食量与成活率。凡纳滨对虾亲虾越冬期水温 22～25℃，预期产卵前的 30 天开始升温促熟，促熟水温 25～26℃。人工条件下凡纳滨对虾繁殖期几乎不受季节影响，只要水温、营养等环境条件适合，常年可以繁殖。凡纳滨对虾越冬水温不宜过低，如果长期低于 20℃，雄虾性腺发育慢，低于 18℃雄虾性腺不发育，易发生"黑精"现象。

中国明对虾亲虾的越冬水温保持在 9℃左右，到 4 月初水温达到 14～15℃，亲虾性腺开始发育并逐渐成熟。

（2）盐度

亲虾越冬盐度应保持正常海水盐度 25～32。凡纳滨白对虾越冬亲虾，如果来自低盐度的养虾池，进入越冬池后应尽快过渡到正常海水盐度，低盐环境不利于亲虾性腺发育。

（3）溶解氧

亲虾越冬期间使用鼓风机充气增氧，因水位较浅，溶氧比较充足，所以充气量一般不大，水面呈微波状即可。在室外大池越冬，无鼓风机充气增氧，则应安装小型的增氧机。亲虾越冬应保持溶解氧在 $5×10^{-6}$ 以上。

（4）光照

光照对凡纳滨对虾越冬亲虾的成活率和性腺发育影响不明显。但为避免直射光对亲虾的刺激或强光引起藻类过渡繁生，还是要适当遮挡直射光使光照不致过强，以 500～1 500 勒克斯光照强度为宜。

中国明对虾在越冬培育阶段，光强应控制在 500 勒克斯之内，应较严密遮光，强光不利于性腺发育。

4. 饵料的投喂

越冬期饵料以人工配合饲料为主，人工配合饲料蛋白质含量应在 35% 以上，日投喂量占亲虾体重的 5% 左右，每日投饵 4 次。促熟期一般不用人配合饲料，以蛤蜊、牡蛎、乌贼、鱿鱼（图 5.1）和沙蚕（图 5.2）等鲜活饵料为主，有利于促进亲虾性腺发育。

图 5.1　鱿鱼

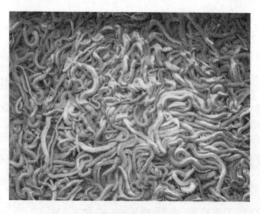

图 5.2　沙蚕

鲜活饵料在投入前必须冲洗干净，并经高锰酸钾溶液（20毫克/升左右）消毒处理（冲浸3~5秒钟）后冲净方可投喂。带壳的饵料，要把壳击碎后，消毒冲洗后再投喂。

投饵量掌握应根据池中残饵情况随时调整。如果清理清池底时发现池底有大量残饵且亲虾饱胃，说明投饵量过大，应适当减少投饵量。如果有大量残饵且亲虾多数胃空，说明饵料不适口或理化因子不适甚至亲虾异常，应在调整环境的同时，更换饵料品种、减少投饵量，同时进行疾病、水质方面的检查；若发现无残饵，且伤、病、死虾肢体不全，说明投饵不足，应及时补充，加大投饵量。

投饵时，在对虾频繁活动处多投，如池壁周围，池子四角；活动少处少投，如池子中间。

5. 越冬管理

亲虾越冬期间，用水必须经过充分沉淀，严格过滤，及时检测水源的盐度等水质情况。室内越冬的水质管理主要以吸污、换水为主，每天上午将池水排至40厘米后吸污，吸污时充气量要小，操作要轻，尽量减少亲虾受惊刺激，吸污完成后，慢慢注水，恢复到原来水位，温差不能超过0.5℃。根据池底和亲虾状况，必要时越冬期可以倒池，倒池时用$300×10^{-6}$福尔马林药浴亲虾。

越冬期日常管理中，经常会使用抄网捞虾、选虾，极易造成亲虾损伤。为减少操作过程引起的机械损伤，每把抄网每次只能捞1尾，离水后迅速倒扣抄网让网衣包裹亲虾，限制其挣扎。凡纳滨对虾越冬亲虾多数来自对虾养殖池，从养殖池捕捞越冬亲虾，可选用火车网、围网、撒网等网具，收网、拉网速度要慢，排水水流要缓，每网收集时间不要过长、数量适当，操作人员应戴线手套，快拿轻放，动作迅速，减少亲虾在手中的挣扎时间。用手挑

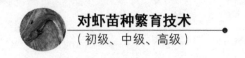

虾时，切勿只抓握亲虾的头胸，以免损伤肝、心脏、鳃部等器官。

凡纳滨对虾、中国明对虾，人工培育亲本越冬期长达 4~5 个月。根据育苗生产需要和亲虾发育状况，决定进入促熟培育的时间。

6. 病害防治

亲虾入池前用 $30×10^{-6}$ 的聚维酮碘消毒 3 分钟。虾病防治应从改善水质环境、提高亲虾抗病力等方面入手，避免使用抗生素、抗菌素，禁止使用禁药。定期施用聚维酮碘等水体消毒制剂，投放光合细菌、芽孢杆菌、EM 菌等有益微生物制剂改善水质。发现病虾、死虾要及时隔离或捞出。

亲虾越冬期间主要发生褐斑病和烂鳃病，褐斑病的主要症状是对虾甲壳出现不规则的褐色或黑色斑块，病灶溃烂严重时穿透甲壳，病因是机械损伤导致弧菌、气单胞菌、粘细菌等入侵甲壳，破坏几丁质。烂鳃病的主要症状是鳃丝呈灰色或黑色，肿胀，变脆，从边缘向基部坏死、溃烂。另外，近年来凡纳滨对虾越冬期白斑病、桃拉病等病毒性疾病也时有发生，这是两种传染极性强、死亡率极高的爆发性流行性虾病。病毒性疾病会垂直传播由亲本传给子代，因此，如果越冬亲虾发生病毒病，应尽量把同池、同批次的亲虾销毁。

第二节　亲虾促熟技术

一、培育密度

亲虾从越冬期进入促熟阶段，随着个体的生长、促熟水温的提升、亲虾摄食量增大以及投喂鲜饵加重水质污染，促熟阶段培育密度大为降低。不同种类培育的密度不同，如斑节对虾、日本囊对虾培育的密度一般是 3~5 尾/米^2（个体较小的人工养殖日本囊对虾一般为 8~10 尾/米^2），凡纳滨对虾和中国明对虾的培育密度一般为 10~15 尾/米^2。

二、剪眼柄手术

对虾雌虾眼柄有 X 器官，会分泌抑制卵巢发育的激素，通过切除眼柄去除 X 器官可以有效促进雌虾的性腺发育。为使切除眼柄手术尽可能减少对亲虾生活能力的影响，一般仅切除单侧眼柄，保留另一个眼柄。一般采用镊烫法切除，镊烫法操作简便、手术损伤少，不易造成术后感染，是目前亲虾切除眼柄的通用方法。

1. 镊烫（灼剪）法手术操作流程

用酒精灯将中号医用镊子烧热，灼烫亲虾一侧的眼柄中部，待眼柄变白、微焦时移开镊子，亲虾放回水中，数日后或即时眼柄自行脱落。

（1）准备工作

20~30 厘米长的镊子 2~5 把，酒精喷灯或液化气枪一把（图 5.3）。容积约 100 升的塑料箱一个，箱内放海水，加 $5×10^{-6}$ 土霉素或 $20×10^{-6}$ 聚维酮碘，箱的边缘嵌入一个"门"形铁丝框，铁丝直径约 1.5 毫米。

a   b

图 5.3

a：液化气枪；b：烧红镊剪

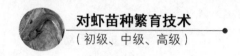
（2）具体操作（图 5.4）

手术者坐在塑料桶边，工人从池中捞出雌虾（每网 1 尾），1 人把亲虾递到手术者的左侧。手术者左手握住雌虾，利用"门"形铁丝框柱把眼柄顶出，右手把镊剪尖端在喷灯或煤气枪上烧红，灼剪雌虾单侧眼柄，术后顺手将亲虾在箱里的消毒水过一下后投入池中。

图 5.4　去除亲虾单侧眼柄

手术过程顺便把雌、雄分池，以便促熟过程雌雄分池培育。

2. 镊烫（灼剪）法手术注意事项

① 握虾力度适当，既能稳住虾不致手术时弹跳，又不致握力过大压伤。
② 刚蜕壳的虾不能做手术，否则会引起死亡。

三、促熟期的营养强化

营养是性腺发育的物质基础，促熟期切除眼柄后提升水温，亲虾性腺发育快速、食欲旺盛，要增加投饵量、增加有利于性腺发育的鲜活饵料的投喂比例。生产中多以沙蚕、蟹肉、牡蛎、鱿鱼、乌贼、贝肉等为饵料。活饵优于鲜饵，鲜饵优于冻饵，以活沙蚕效果最好。生产上常以多种鲜饵混合投喂，但活沙蚕是促熟和繁殖期间最重要和必需的饵料品种。活体沙蚕投喂前用 10×10^{-6} 的高锰酸钾消毒 5 分钟，鲜饵用二氧化氯（ClO_2 稀释 20~40 倍）浸泡 10~20 分钟。

每日投喂 3~4 次，日投饵量为亲虾体重的 10%~15%，具体投喂量应视水温、水质以及亲虾摄食情况而增减。可在饵料中添加少量的 V_E 和 V_C，有利于卵巢发育。

四、促熟期的水质调控

1. 水温的控制

在适温范围内，温度越高，其性腺发育的速度越快。几种对虾的促熟水温范围如下：中国明对虾 15~16℃，斑节对虾 28~30℃，日本囊对虾 26~28℃，凡纳滨对虾 26~28℃。

促熟水温与亲虾繁育期间的存活率密切相关，水温越高存活率越低。凡纳滨对虾人工条件下可反复多次成熟产卵，一尾雌虾繁殖期可长达 6~10 个月，保持亲虾存活在生产上有重要意义。因此，凡纳滨对虾控制的促熟的水温远低于适应水温的高限，而且要求在高温产卵池停留时间要尽可能少。其他品种亲虾由于其重复产卵的次数远不如凡纳滨对虾多，一般只能再成熟 1~2 次，而且再成熟周期较长，因此掌握的促熟水温较接近其适温高限。

2. 光照的控制

光照强度和光周期都直接影响对虾的性腺发育。不同种类对光照要求不尽相同，但在促熟期间，光照强度不宜过大。尤其是斑节对虾和日本囊对虾，一般光照强度要求在 200 勒克斯以下，而中国明对虾和凡纳滨对虾培育时，

在交配池中，光照强度可达 500~3 000 勒克斯。促熟期间避免直射光。

3. 充气

促熟期间每天要清理池底，为便于吸污等操作，充气石沿池壁四周布设，约 50 厘米布设 1 个，池中间布设 4~5 个，充气呈微沸腾状。

4. 换水与排污

促熟期培育池水深 50~60 厘米，亲虾切除眼柄后 2 天内不换水，以后每天换水 1~2 次，日换水量 80%~150%，注入新水温差不大于 0.5℃。每天上午排水至水深 30~40 厘米，用虹吸管插在中央排污口（可用直边抄网先把虾壳等大块污物捞出），虹吸管吸污。

5. 盐度的控制

对虾的性腺发育需要较高且稳定的盐度环境，盐度稳定在 30 左右。遇水源盐度过低时应加盐提高盐度，否则低盐度将影响性腺发育，受精卵和孵化率也将受到严重影响。

第三节　无节幼体生产

一、亲虾交配

1. 闭锁型纳精囊类型种类的交配

斑节对虾、日本囊对虾、中国明对虾、长毛明对虾等属闭锁型纳精囊类型种类，一般在越冬期或促熟培育过程中，雌虾蜕壳后甲壳未硬化前完成交配，交配后才性腺发育。闭锁型纳精囊类型种类，雌虾先交配后成熟，且交配的前提是雌虾必须脱壳，因此人工条件下交配率很低。除中国明对虾外，其他种类多数还是使用野生亲虾进行繁殖。部分产卵亲虾可以在人工条件下再次交配成熟，但再成熟比例较低。

2. 开放型纳精囊类型种类的交配

凡纳滨对虾属开放型纳精囊种类，交配是在雌虾性腺发育成熟时进行。生产上，每天亲虾池吸污换水时，把成熟雌虾选进雄虾池。一般在傍晚开始追尾交配，交配高峰在天黑以后。交配前雄虾在雌虾后面持续追尾，雄虾主动、活跃的程度决定交配率的高低。为激发雄虾活力，雄虾池要加大换水量，保持较长时间的流水，流水时使水流保持同一方向形成环流，刺激雄虾逆流游动，提高雄虾的活跃水平。天黑以后把已交配雌虾及时捞进产卵池。

交配过程光照强度白天 500~1 000 勒克斯。夜晚以日光灯照明，一般 40 瓦的日光灯 10 平方米 1 支，光照强度 120~250 勒克斯。

应该特别注意的是，繁育期间雄虾对移池特别敏感，移池会严重影响雄虾的交配，需 7~10 天才能恢复正常。由于雌虾每天成熟率不超过 20%，只要雌雄比不高于 1∶0.8，就能保证亲虾交配时雌雄比在 1∶5 左右，可以满足提高交配率的需要。另外，已交配雌虾要及时捞出到产卵池，否则可能因继续被雄虾追逐导致精荚脱落，也可能在交配池产卵。

3. 人工移植精荚

如果自然交配率较低，必要时可进行人工移植精荚。凡纳滨对虾的开放型纳精囊位于第 4~5 对步足之间。精荚成熟的雄虾，在第 5 对步足基部，外表看精囊呈乳白色。人工移植精荚方法：选择个体大的雄虾，精荚饱满、乳白色。以拇指和食指轻挤捏第 5 步足基部，精荚即可被挤出。

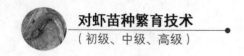

注意精荚不要和海水接触，用纸巾将雌虾纳精囊处轻轻擦干，然后用镊子将精荚黏附在雌虾纳精囊位置上。再小心将雌虾放入产卵池待产。凡纳滨对虾人工交配技术难度较大，人工移植精荚不易黏贴，而挤精荚的力度也较难掌握，并极易损伤雄虾。所以，凡纳滨对虾在生产上人工精荚移植技术较少使用。

对闭锁型纳精囊类型种类，如斑节对虾、日本囊对虾、中国明对虾、长毛明对虾等，必须在脱壳后的 24 小时内进行精荚移植手术。选择性腺成熟度好的雄虾，用挤捏法或解剖法获取雄虾精荚。解剖法是用手术剪刀把雄虾头胸部剪下来，取出一对精荚和两条输精管，把每条输精管剪成 3 阶段共 6 段备用。用鸭嘴形不锈钢镊子从雌虾纳精囊中央裂口插入，打开纳精囊，用另一把镊子夹住一块精荚或一段输精管植入纳精囊内，左右各植入一块，移开镊子，用拇指延裂口轻轻按压抚平。

二、产卵

1. 产卵前准备

在移放产卵亲虾之前，要将产卵池清洗干净，再用浓度为 40～50 毫升/升漂白粉（含有效氯 25% 以上）溶液，或浓度为 20～30 毫克/升的高锰酸钾溶液洗刷，经数小时后再用过滤海水冲洗干净，然后加水、升温、调节盐度等，要尽量保持与亲虾培育池的环境一致，产卵水温比促熟水温提高 1～2℃。加入 3～5 克/米³ 的 EDTA-2Na，调节好充气量，把气量调至微沸腾状。充气过大可能导致精荚脱落，也会增加卵的机械损伤。

2. 产卵时间

对虾类一般在夜间产卵，产卵时间多在上半夜 20:00—24:00。雌虾产卵时在水的中上层快速游动，排卵时犹如喷气机喷出一股烟雾状的卵流，排卵时同时受精，雌虾快速游动有利于卵粒分散。凡纳滨对虾产卵后应尽快离开产卵池，减少在高温环境停留的时间。一般在零点以前把产卵虾全部捞回促熟池。

通常产卵过程仅需 2~5 分钟，分多次排卵完成。墨吉明对虾、长毛明对虾、刀额新对虾等几乎是一次产完卵的。

3. 产卵量

对虾的产卵量因种类、个体大小和栖息环境不同而异。通常自然海区的雌虾产卵量比人工养殖的多，主要是自然海区雌虾个体较大、成熟度更好。如中国明对虾在自然海区成熟的雌虾产卵量一般为 50 万~70 万粒/尾，人工饲养或人工促熟雌虾产卵量为 15 万~40 万粒/尾。斑节对虾野生雌虾产卵量可达 100 万粒/尾。人工培育的凡纳滨对虾产卵量 15 万~40 万粒/尾，繁殖前期较少，繁殖后期产卵量较大。对虾刚产出的卵不规则或呈多角形，受精发育后逐渐变成圆球形。一般自然交配受精率和孵化率可达 95% 以上。

产卵池就是随后的孵化池，要按照孵化条件和布卵密度确定产卵亲虾的密度。凡纳滨对虾繁育生产，受精卵孵化密度可达到 100 万~200 万粒/米^3，一个 30 平方米的产卵池可放产卵亲虾 200~300 尾。

4. 受精卵

对虾产卵时同时排出精子在水中受精。正常受精卵略呈浅绿色，外形圆整，外披受精膜，卵径 270 微米左右。受精卵表面清洁，细胞分裂迅速，胚胎始终位于卵粒中间，发育快速、整齐。不同品种受精卵大小、形状无明显差异。

未受精的卵没有受精膜，镜检卵粒一团阴影，外表常附有污物或聚缩虫，

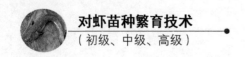
很快成为死卵。畸形卵胚胎在卵膜一侧或者扁平，左右不对称，胚体表面有异常细胞增生或者卵粒过大（直径超出 300 微米为巨形卵）。畸形卵一般不会孵化，即便孵化，孵出无节幼体畸形也很难存活。

出现畸形卵的原因很多，一般是水质条件不好引起的。如重金属离子浓度过大、海水 pH 值异常等。此外，亲虾运输和暂养过程中，由于环境因子突变亲虾性腺发育受到影响，甚至受精卵密度过大都可能影响胚胎正常发育而出现畸形。为提高孵化率、减少畸形，产卵池（孵化池）应事先加入乙二胺四乙酸二钠螯合重金属离子，调节海水 pH 值等，加强亲虾运输和暂养的技术管理，合理控制受精卵密度。

表 5.1　中国主要养殖对虾产卵的最适主要理化指标

项目	中国明对虾	斑节对虾	日本囊对虾	凡纳滨对虾
盐度	$25 \sim 35$	$25 \sim 35$	$27 \sim 33$	$30 \sim 35$
温度（℃）	16	$28 \sim 30$	$25 \sim 28$	$29 \sim 30$
pH 值	$8 \sim 8.3$	$8 \sim 8.3$	$8 \sim 8.3$	$8 \sim 8.3$
溶解氧（毫克/升）	$\geqslant 5$	$\geqslant 5$	$\geqslant 5$	$\geqslant 5$
光照度（勒克斯）	暗	暗	暗	弱

三、孵化

1. 收卵与洗卵

产卵后要及时捞出亲虾，放回原培育池中继续培育。将产卵池中的污物清除，换水洗卵，换水量 3/4 以上，加入的新鲜海水尽量与原池水保持同温度、同盐度，同时加入乙二胺四乙酸二钠，使其在水中的浓度为 5×10^{-6} 左右。若卵的密度小于 50 万粒/米³，可酌情换水或不换水。

受精卵的收集，经虹吸排水后由排水口直接排水至100目的集苗网箱中。收集的受精卵先用医用纱布过滤，利用纱布的吸附作用，把混合在受精卵中的残饵、粪便等污物吸附在纱布上。经纱布过滤的受精卵加入清水，冲洗过滤即可。洗卵操作要迅速、轻快，所用海水理化条件必须与产卵池和孵化池水质一致。

洗卵工艺耗工、耗时，占用生产设施，极易损伤受精卵，影响孵化率。因此，实际生产中较少采用。目前，凡纳滨对虾大规模繁育生产中，主要通过孵化期间勤翻卵来避免缺氧，提高布卵密度。

2. 孵化

不同品种受精卵孵化水温有所不同，主要养殖对虾品种孵化条件详见表5.2。

表5.2　中国主要养殖对虾胚胎发育阶段的最适主要理化指标

项目	中国明对虾	斑节对虾	日本囊对虾	凡纳滨对虾
盐度	25~35	28~33	27~33	30~35
温度（℃）	18~20	28~30	27~30	26~30
pH值	8~8.3	7.8~8.3	8~8.3	8~8.3
溶解氧（毫克/升）	≥5	≥5	≥5	≥5
光照度（勒克斯）	≤500	≤500	≤500	≤500

除温度、盐度等基本水质条件外，充足的溶氧是提高孵化率最重要的因素。对虾受精卵为沉性卵，密度稍大于海水，静水时沉入水底，动荡时才悬浮水中。静水中卵粒沉于池底，极易造成局部缺氧出现死卵。由于激烈充气会损伤受精卵，一般气石布设密度仅为1个/米^2。为防止孵化过程局部缺氧，生产上采用翻卵工艺。

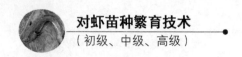
翻卵是用翻卵器（推子）在孵化池池底慢慢来回推行，以翻动池底、角落的水体，形成荡漾的水流，减少缺氧的死角，将沉于池底的卵轻轻翻动起来。操作时推子自然放进池底，缓慢推拉即可。孵化期间每20~30分钟翻卵1次，随时检查胚胎发育情况。凡纳滨对虾在水温28~30℃时，孵化时间13~15小时。翻卵是规模化生产中提高孵化率的重要技术措施。

3. 无节幼体的收集、计数与包装

（1）无节幼体收集（图5.5）

无节幼体全部孵出后，用200目的换水网排水2/3左右，在集苗槽中用200目的网箱收集幼体，除去污物，移入容积0.5立方米的黑色玻璃钢桶中，桶内事先配好与孵化池相同的干净海水，微充气。

图5.5 无节幼体的收集

（2）无节幼体计数（图5.6）

取样前加大充气量使幼体分布均匀，用50毫升的取样烧杯在充气处取样，倒入小盆加水稀释，逐尾计数，按下列公式计算幼体数量（玻璃钢桶的水体是50毫升的1万倍，所以计数1尾实际就是1万尾）。取样时要一次性取满杯，取样 2~3 次取平均数。

幼体总数（尾）= 取样幼体数×10^4。

图 5.6　幼体的计数

（3）无节幼体包装

对虾种苗业已有细化分工，目前多数育苗企业无需培育种虾，以购买无节幼体直接进行育苗生产。因此无节幼体收集后还有出售环节，需要包装和运输。无节幼体计数后，包装前停气，用聚光灯照射水面，利用幼体趋光的习性，把健康的无节幼体吸引至水面。用抄网收集水面幼体，没有趋光上浮的幼体一般放弃。无节幼体包装用塑料袋装水充氧，置于保温泡沫箱内。不同运输距离可选用陆运或空运，根据不同的运输方式和运输时间，包装方式和装入量也有不同，通常每个标准空运箱可装 100 万~200 万尾。

4. 健康无节幼体的特征

无节幼体质量直接影响育苗效果，掌握判断健康无节幼体的特征对育苗

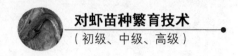

生产有重要的意义。

① 通常对虾产卵受精率、孵化率一般可达 90%，如果受精率、孵化率过低，或 50% 以上的卵孵化时间过长，则说明亲虾质量差。加上孵化池死卵多，影响水质，因此可能影响幼体质量。可根据幼体活力和孵化池死卵数量、孵化池水质间接判断幼体质量。

② 正常无节幼体间歇性游动活泼有力，游泳时附肢划水如鸟翅伸展，呈 "V" 形，静息时间短。趋光性较强，停气会立即上浮到水的上层。镜检幼体刚毛、附肢完整，无变形、弯曲或畸形，体表、附肢干净，无污物黏附。

思考题（初级工：1～10 题；中级工、高级工：1～16 题）

1. 如何挑选亲虾？

2. 亲虾运输的方式有哪些？如何实施？

3. 如何运用镊烫法切除对虾单侧眼柄？需注意哪些事项？

4. 斑节对虾，中国明对虾、长毛明对虾和凡纳滨对虾的交配方式有何不同？

5. 亲虾交配行为及注意事项有哪些？

6. 各种对虾类产卵时间、产卵量有何不同？

7. 推（翻）卵有何作用？

8. 如何收卵和洗卵？

9. 如何鉴别无节幼体的质量？

10. 如何收集和计数无节幼体？

11. 如调控亲虾越冬的环境条件？

12. 亲虾催熟培育的如何水质调控？

13. 如何做好亲虾越冬期间的水质管理？

14. 如何做好亲虾越冬期间的病害防治？

15. 如何进行人工移植精荚？

16. 分析出现畸形卵的原因？

第六章
虾苗生产与管理

[**内容提要**] 主要介绍虾苗生产的准备工作；无节幼体消毒处理；各期幼体培育技术；投喂、换水、充气等日常管理及注意事项；出苗计数与运输操作以及淡化、标粗技术等。

[**分级要求掌握的内容**] 初级工掌握本章第一、二节的内容；中级工握本章第一、二和三节的内容；高级工全面掌握本章内容。

第一节　对虾育苗生产

一、虾苗生产前的准备工作

对虾育苗生产之前必需对各类生产设施设备（包括生产用具）进行清洗消毒处理。有关清洗消毒处理方法及其具体操作参见第四章第一、二节。

育苗用的海水要经过沉淀、砂滤、网滤，SPF（无特异病原）的苗场还必须用细菌过滤器过滤、紫外线照射、臭氧消毒、含氯消毒剂处理等工艺对育苗用水作进一步处理。育苗用水的消毒处理以及海水盐度等水化指标的调适方法及其具体操作参见第四章第一、三、四节。

二、无节幼体的消毒处理

无节幼体在繁育场收集和包装时已有初步的处理和筛选，运抵育苗场后还应对运输过程造成的死亡幼体或体弱幼体以及尚存的死卵、污物等进行去除。将包装袋的无节幼体倒入事先准备好的玻璃钢桶或塑料盆（可向桶里投入 $10×10^{-6}$ 聚维酮碘，使幼体入池前消毒），稀释静置 5~10 分钟，再度利用幼体的趋光性让无节幼体上浮，污物沉入底部，用手抄网（200 目筛绢）捞起上层幼体移入育苗池，放弃不趋光沉底的无节幼体。

无节幼体放入育苗池后，待其分布均匀，用 500 毫升烧杯延池四周多点取样计数，掌握育苗池幼体的准确数量。

三、对虾幼体培育

1. 无节幼体培育

（1）培育密度

不同种类对虾，人工育苗掌握的密度不同。按照育苗池加满水的体积计算，斑节对虾、日本囊对虾无节幼体的培育密度为 10 万~15 万尾/米^3，凡纳滨对虾无节幼体的培育密度为 15 万~30 万尾/米^3，中国明对虾无节幼体的培育密度为 20 万~30 万尾/米^3，刀额新对虾无节幼体的培育密度 20 万~30 万尾/米^3。

（2）投喂

无节幼体无口器，不摄食，依靠卵黄提供营养。不需投喂饵料。但可以在变态到溞状幼体前 1~2 小时投入少量微藻。如果水质较清、较瘦，还可提前预投 $0.5~1×10^{-6}$ 的藻粉、BP 粉等人工饲料。

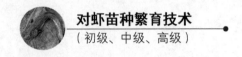
（3）水温、盐度

无节幼体期水温控制在 30℃左右，不同品种有所不同。中国明对虾适温较低，无节幼体期水温 22℃左右，斑节对虾、凡纳滨对虾等种类可略高于30℃（表 6.1）；一般海区盐度不会大幅度的变化（长时间下雨时需注意盐度变化），育苗池盐度应参照所育种类的自然繁育场盐度。日本囊对虾的幼体不能耐受盐度低于 25 的海水，中国明对虾一般需控制在 23 以上，但 35 以上的盐度对幼体成活不利。因此，在仔虾期第 5 天（P_5）前的盐度一般在 25～35。

（4）水化指标

保持 pH 值 7.8～8.6，溶解氧 5×10^{-6} 以上，化学耗氧量 5×10^{-6} 以下，总氨氮 0.5×10^{-6} 以下，非离子态氨氮 0.1×10^{-6} 以下，亚硝酸盐氮 0.1×10^{-6} 以下，硫化氢未检出（表 6.2）。

（5）充气

无节幼体期水质比较清净，幼体耗氧量低，微充气即可（表 6.3）。

（6）添加水

目前常用的工艺是，进无节幼体时育苗池进水水位约为加满时的 2/3，便于早期幼体培育直接加水（表 6.3）。

（7）培育进程

无节幼体期历时约 40 小时，经过 6 次蜕皮变态为溞状幼体。不同种类、不同水温时间有所差异。凡纳滨对虾在水温 30℃条件下，无节幼体期历时30～40 小时。

2. 溞状幼体培育

（1）投喂

溞状幼体 I 期已有口器，开始"开口"摄食，南方地区俗称"过料"。溞 I 期幼体最适合摄食角毛藻、叉鞭金藻、骨条藻等微藻；溞状 II 期仍以滤食为主，略具捕食能力，以单胞藻为主，也可捕食小型浮游动物如轮虫等；溞状Ⅲ期基本以捕食动物性饵料为主，辅以单细胞藻。

育苗生产上，溞状幼体期每天投饵微细人工饲料 6~8 次，也有育苗场投喂 8~12 次/日。有条件的可每天投喂 3 次微藻和喂轮虫。投饵量要根据幼体密度、水质和幼体实际摄食情况灵活掌握。凡纳滨对虾溞状幼体期控制水位较低，幼体密度可达 40 万尾/米³，每次投饵量 1.0~2.0 克/米³，随幼体生长及水体增加可适当增加投饵量。

溞状幼体期早期投喂的人工饵料一般是藻粉、BP 粉、质量比较好的虾片和海草粉等。每次投饵前将多种饵料按一定配比混合，经筛绢网（250~150 目）在水中搓洗过滤后泼洒投喂，且使用的过滤筛绢网网目随幼体生长而增大。早期投喂骨条藻，因藻体较大，可用 200 目筛绢网摇碎滤出后再投喂。

溞状幼体后期可投喂少量的卤虫无节幼体，但溞状幼体捕食能力弱，过量的卤虫无节幼体如不能被及时摄食会迅速成长，影响虾苗培育。科学的方法是将卤虫无节幼体经热烫或冷藏死亡后投喂，但投喂量也不宜多，防止死卤虫沉底污染水质。

（2）水温、盐度

水温可以比无节幼体期升高 1~2℃。溞状幼体期中国明对虾水温 22~24℃，斑节对虾、凡纳滨对虾等热带亚热带种类 30~31℃。盐度要求同无节幼体。

（3）水化指标

见表 6.2。

（4）充气

溞状幼体期随着幼体耗氧量和投入物的增加，充气量应逐渐加大。从溞状幼体Ⅰ期微充气，逐渐增加到溞状幼体Ⅲ期时水体处于翻腾状态（表

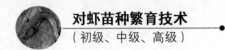

6.3）。

（5）添、加水

溞状幼体开始投饵以后，水中的有机污染物逐渐增加，一般在溞状幼体Ⅱ期开始补充新鲜水。在无节幼体期水量的基础上每天加水 5~10 厘米（表6.3）。

（6）培育进程

溞状幼体期历时 4~5 天，经过 3 次蜕皮变态为糠虾幼体。

3. 糠虾幼体培育

（1）投喂

糠虾幼体食性已开始转变为以动物性饵料为主。与溞Ⅲ期幼体相比，糠虾幼体对微藻的摄食量减少 40%~50%。在此阶段，微藻的投喂量相应减少，而卤虫等动物性饵料投喂量相应增加。糠虾幼体期每天投喂需经 120~150 目筛绢网袋搓洗、过滤后的人工饲料（以虾片为主）6~8 次，每次 1.5~3.0 克/米^3。卤虫无节幼体投喂量以每尾糠虾每天 6~20 个计，分 3~6 次投喂。投喂卤虫无节幼体时其他饲料投喂量酌情减少。

（2）水温、盐度

糠虾幼体期培育水温可以略微升高，中国明对虾水温 24~25℃，斑节对虾、凡纳滨对虾等高温种类 31~31.5℃，在重要变态期如糠虾Ⅲ期变仔虾，必要时可短时间升高至 32℃，以促进变态提高整齐度（表6.1）；但随着凡纳滨对虾养殖范围推广，为培育适应低盐度的虾苗，凡纳滨对虾育苗生产上一般在糠虾后期开始缓慢添加盐度约 15 的海水，至仔虾（P5）时盐度降至 15~20。

（3）水化指标

见表6.2。

（4）充气

糠虾幼体期要加大充气量至翻滚状（表6.3）。

（5）添、换水

糠虾幼体期可以继续每天加水，每天加水量增加 10~15 厘米，加满后要每天换水，换水量 15~20 厘米（表6.3）。如需生产淡化虾苗（如凡纳滨对虾），可从糠虾幼体开始，应利用添、换水措施，逐渐降低育苗水体的盐度，驯化低盐适应力。

（6）培育进程

糠虾幼体期历时 4~5 天，经 3 次蜕皮变态为仔虾幼体。

4. 仔虾幼体培育

（1）投喂

仔虾幼体以动物食性为主。仔虾 P1~P5 幼体期一般投喂人工配合饵料（图 6.1）6~8 次/天，每次 2~3 克/米^3，卤虫无节幼体投喂量以每尾仔虾每天 20~100 个计，分 3~6 次投喂。人工配合饵料主要是虾片、车元等，用60~80 目的筛绢网袋搓洗后投喂。先投喂人工饵料，半小时后再投喂卤虫无节幼体。P5 期以后，人工饵料投饵量应以虾苗数量决定，并参考虾苗密度，每百万苗每次投喂 20 克左右。卤虫无节幼体的投喂量，在 P5 以前以观察投喂后 1.5 小时内摄食完的投喂量为参照，P5 以后应逐渐加大卤虫投喂量。日本囊对虾、长毛明对虾等种类具有自相残杀习性，在 P5 以后自残现象开始出现，要加强投喂卤虫。

（2）水温、盐度

仔虾幼体期培育水温，不同种类有所差异，中国明对虾水温 25~26℃，斑节对虾、凡纳滨对虾水温 31~31.5℃。仔虾幼体后期应适当降温以利于适应室外养殖水温环境。P5 期以后要根据仔虾的健康状况和出池时间，开始降

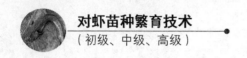

低育苗水温（表6.1）；若需生产淡化虾苗，可通过换水逐渐降低盐度，至P5期时盐度可降至15~20，有利于后期的淡化、标粗。

（3）水化指标

见表6.1。

（4）充气

仔虾期充气量至水体翻滚状（表6.3）。

（5）换水

仔虾幼体期应加大换水量，前期每天换水约20厘米，后期换水量可增加到每天30~40厘米（表6.3）。

（6）培育进程

仔虾幼体期间形态变化不明显，以仔虾的日龄进行分期，仔虾1天为P1，仔虾2天为P2，以此类推。大约10~15天后体长可达到0.8~1.0厘米仔虾商品苗要求。

表6.1　中国主要养殖对虾幼体发育阶段的适温（℃）

种类	无节幼体	溞状幼体	糠虾幼体	仔虾
中国明对虾	20~22	22~24	24~25	25~26
斑节对虾	29~31	29~31	29~31	29~31
日本囊对虾	28~30	28~30	28~30	25~28
凡纳滨对虾	28~29	29~30	29~30	28~31

表6.2　对虾各期幼体培育期水化指标

指标	控制范围
pH值	7.8~8.6
溶解氧（DO）	$>5 \times 10^{-6}$
化学耗氧量（COD）	$<5 \times 10^{-6}$

续表

指标	控制范围
总氨氮（NH_4-N）	$<0.5\times10^{-6}$
非离子态氨氮（NH_3-N）	$<0.1\times10^{-6}$
亚硝酸盐氮（NO_2-N）	$<0.1\times10^{-6}$
硫化氢（H_2S）	0

表 6.3　主要养殖对虾幼体培育的换水量与充气要求

发育时期	换水量	充气状态
无节幼体	进水量为池深 2/3，不加、换水	微充气略显沸腾状
溞状幼体	每天加水 5~10 厘米	微充气略显沸腾状
糠虾幼体	每天换水每天加水或换水 10~15 厘米	沸腾状
仔虾	每天换水 20~30 厘米，后期加大至 50% 以上	翻腾状

图 6.1　人工配合饵料

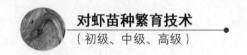
第二节　日常管理与注意事项

一、饵料投喂

1. 制定饵料投喂配方

在对虾育苗生产中，饵料投喂从溞状幼体 I 期开始到虾苗出池的全过程，每天都有多次投喂操作。应根据不同的对虾种类、各幼体期索饵习性、营养需求以及培育密度制定合理的饵料投喂配方，同时还应根据跟踪幼体摄食情况、水质变化情况，随时调整饵料投喂配方。

各种组合饵料均应根据日投饵量分多次投喂，少量多餐为原则，以提高饵料利用率及防止饵料下沉和污染水质。

2. 饵料投喂操作注意事项

① 不同发育期幼体要求饵料的颗粒大小不同，应选择不同网目筛绢网袋将人工配合饵料搓洗过滤。

② 多种饵料搭配组合一般可混合在一起搓洗投喂，利于不同饵料在营养成分上形成互补，以满足幼体生长发育的需要。

③ 投喂轮虫和卤虫无节幼体时，应进行消毒处理，防止将病原生物带入育苗池中，引发育苗期的虾病。卤虫无节幼体在孵化后或投喂前，可用 200×10^{-6} 甲醛在淡水中消毒 10 分钟。

④ 投饵量要灵活掌握，以饵料略为过剩为原则，根据水质、水色和幼体的健康状况随时调整。

生产实践上以残饵保持育苗水体具有一定的浑浊度，有利于提高凡纳滨对虾幼体存活率。因此，目前凡纳滨对虾育苗工艺，多以适当过量投饵来调控水质。但过量投饵的程度不容易把握，需要在实际操作中积累经验，因时因地调控。

二、充气

1. 充气的目的意义

① 充气可有效提高水中溶解氧含量，确保对虾幼体正常代谢活动耗氧的需要；

② 充足的溶解氧还可加速水中幼体排泄物、死亡幼体、饵料溶出物和残饵等有机物的分解，避免水质污染、病菌繁殖，防止有机富集造成厌氧分解产生的毒素，具有改善水质环境的作用；

③ 充气使水体上、下翻动，促使幼体和饵料均匀分布，避免幼体和饵料生物因趋光性而造成的局部过密，提高了饵料利用率；

④ 由于气泡的气提浮选和吸附凝聚作用，使水中溶解的有机物凝聚为有机碎屑，对虾幼体可摄食利用这些次生的碎屑饵料，从而有利于降低水体有机富集负荷；

⑤ 充气可使水中的直射光变成散射光，既有利于浮游植物的光合作用，又能减少直射光对幼体的伤害；

⑥ 充气可使对虾幼体随波逐流减少浮游活动的能量消耗；

⑦ 充气不断搅动池水，可使加热、加水、投饵、施药等散布均匀，提高效果。

因此充气是工厂化高密度水产育苗必需的主要技术措施。

2. 充气量调节注意事项

育苗期间不同幼体期充气量要求不同。产卵和孵化期充气量要小，水面

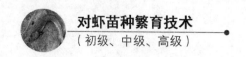

有微波即可，防止无节幼体因水体过度翻滚而损伤。随着幼体的发育，充气量应逐渐增大，从糠虾期开始充气量达到使水面呈翻腾状态，每分钟的供气量大致为育苗水体的 1%～2%。使用散气石充气的装置，散气石容易移位，要注意随时调整散气石的位置以保持充气均匀，目前大部分育苗场多采用微管充气。

为使充气气泡尽可能多地增加与水体的接触面积和接触时间，提高溶氧效果，应合理配置散气石或散气管的散气孔密度及其装置布设密度。

三、添、换水

1. 添、换水的目的

添、换水是改善水质最为直接、有效的措施。幼体培育早期，幼体个体小、活动能力弱，易贴附换水网受伤，一般以加水来改善水质。中、后期随着池水污染积累需要换水。换水操作前要先排部分池水，再加入新鲜水。后期换水量逐渐增大，到仔虾期，日换水量常达 50%，有条件的可以改为流水培育。

2. 添、换水方法

（1）添加水

早期幼体一般采用低水位培育，通过添加水改善水质并缓解幼体密度压力。将配水池的水输送、添加到育苗池之前应先把水管中的脏污、宿水排空，再送水入池。注意送水压力不能太大，缓慢加水，避免冲击虾苗。

（2）网箱虹吸式换水

生产上常用网箱虹吸式换水（排水）。换水网箱悬挂在水中，用虹吸管排水。排水速度要根据幼体的大小和网箱网壁的触水面积决定。如果排水流速过快，可能把幼体吸在网上造成损伤死亡。因此虹吸管不能过粗、过多，一般边长 80 厘米的正方形网箱，放一条口径 5 厘米左右的虹吸管。后期幼体可以加大虹吸管的口径或增加虹吸管数量。注意虹吸管的进水口要放置在网箱中央，防止局部网壁吸力过大损伤幼体（图 6.2）。

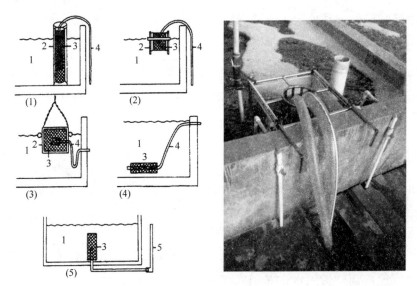

图 6.2　育苗换水

（1）（2）网箱虹吸换水法，（3）压力换水法，（4）自流水法，（5）联通制位换水法

1. 池水；2. 网框；3. 滤水网；4. 水管；5. 控水位旋转管

（3）压力式换水

事先在池内从池底排水口接一软管至水面，管的端口接一个滤水网箱（虹吸法网箱相似），平时管口、网箱离开水面呈悬挂状态，排水时将网箱放到水中便自动过滤排水。这种方法因滤水网箱不宜太大，滤水面积小，只能用于后期幼体或标粗培育时加大网目使用（图 6.2）。

（4）自流式换水

在池水中设有滤水筒，排水管接在水位线的排水口上。超过水位线就自

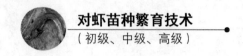
动过滤排水。但滤水筒滤网触水面积要足够大，否则同样会造成局部水压过大引起幼体贴网损伤。还有塑料水槽换水法，槽中心底部排水口上连接一个滤水网，排水管接一可转动的水位控制管或橡胶软管，该法既可自流换水又可定时换水。

除虹吸法外，其他换水方法只能用于育苗后期个体较大、游泳能力强的幼体期，目前育苗生产上较少采用。

随着幼体的生长，滤水网网目应逐渐变大，以增强滤水和排污性能。对虾育苗溞状幼体期换水多用 80 目筛网（孔径 198 微米），糠虾幼体期 60 目、仔虾幼体期 40 目，仔虾幼体后期可用 30 目或 20 目。换水网每次换水后应清洗、消毒或曝晒，尽量避免多池混用，以减少交叉感染。

3. 换水操作注意事项

① 换水前要调好备用水，严格掌握新加水的温度、盐度、pH 值等指标，保持换水前后温差不大于 ±0.5℃，盐度差不超过 5。可在育苗室内设调温、调盐池，提前调好备用水，并加入 EDTA 钠盐等必要的处理药物。如果直接加入自然温度的海水，要根据加热管的升温能力调节好加水的速度，控制水温的变化幅度。

② 加水量或换水量的增加要循序渐进，随着幼体发育生长和幼体体质的增强、代谢产物的增加而逐渐加大换水网箱的网目及每次的换水量，根据虾苗生长状况和水质情况灵活掌握。添、换水在于改善水质，但添、换水量过大则不利于保持育苗池水体生态系统的稳定，而且水质环境突变会使虾苗处于应激状态，不利于健康成长。另外，换水应在投饵、投药之前进行。

四、育苗池水质主要理化指标调控

通常可通过适量投饵、换水、保持适量藻类生物以及使用有益微生物制剂等措施来保持良好、稳定的水体生态系统。

1. 水温调控

根据不同种类对虾及其不同幼体期对适宜水温的要求，将水温控制在适温范围内，温度越高，幼体发育越快，因此可采用适温上限来培育虾苗。

有研究表明高温育苗对虾苗质量有不良影响，因此切忌高温育苗。凡纳滨对虾育苗期水温高于33℃，显著影响养成期的生长和抗病能力。胚胎发育期对温度的波动较敏感，应尽量保持稳定，需调温时也要缓慢升降。虾苗出池前3~5天应逐渐降温到自然水温。

以凡纳滨对虾为例，无节幼体期为29~30℃，溞状幼体Ⅰ期为30~31℃，Ⅱ为30.5~31℃，Ⅲ期为30.5~31℃。升温速度不要太快，每天0.5~1.0℃为好。整个糠虾幼体期的水温控制在30.5~32℃，糠虾幼体Ⅰ期培育水温为30.5~31℃，糠虾幼体Ⅱ期为31~31.5℃，糠虾幼体Ⅲ期为31.5~32℃。仔虾期前8天，培育水温控制在31~32℃，第9天以后逐渐降温，直至调节到养殖池所需的水温。

2. 盐度调控

幼体培育期间应稳定盐度，尽管对虾类有一定适应水环境渗透压的能力，但在幼体期的调节能力较弱。日本囊对虾幼体期低盐耐受不能低于25，中国明对虾一般不低于23，而35以上的盐度对多种对虾的幼体期存活有不利影响。因此，仔虾期P5前的盐度一般控制在25~30，仔虾后期盐度适应性会提高。

目前，随着凡纳滨对虾养殖区域扩大，适应低盐度的虾苗（俗称淡化苗）需求增多。为此凡纳滨对虾育苗生产上一般在糠虾后期开始缓慢添加盐度约15的低盐海水，使P5期盐度降至15~20，为培育淡化虾苗提前准备。

3. pH 值调控

酸碱度 pH 值是反映水质状况的一个重要指标。在对虾育苗中，pH 值是一个常规检测要素。水中有害物质会随 pH 值的升降而变化从而影响对虾幼体生长发育。如 pH 值上升时，会使无毒的离子态铵（NH_4^+）向有毒的分子态氨（NH_3）转化。而 pH 值降低时离子态硫（S_2^-）向分子态硫化物（H_2S）方向转化，后者有毒性。

影响育苗水体 pH 值变化的原因主要有：浮游植物的光合作用、幼体的呼吸作用、残饵和排泄物的分解作用。光合作用消耗水中的二氧化碳（CO_2）产生氧（O_2），使 pH 值上升；生物呼吸作用及有机物分解消耗水中的氧（O_2）产生二氧化碳（CO_2），使 pH 值下降。另外，如果是新建水泥池还会溶解出碱性物质使 pH 值上升。

育苗水体 pH 值（8.0~8.6）接近正常海水，有利于稳定良好水质。育苗生产中，pH 值的控制措施主要有换水、充气、施放沸石粉、控制单胞藻生长及人工饵料等。

4. 氨氮和亚硝酸盐调控

育苗过程氨氮和亚硝酸盐逐渐升高，超出正常范围将影响对虾幼体的生长发育，甚至发生中毒死亡。氨氮中分子态氨（NH_3-N）的毒性最强。亚硝酸盐氮（NO_2-N）是细菌将氨转化的产物，毒性较强。因而，要经常检测，发现超标，及时处理。降低氨氮、亚硝酸盐氮的方法，可采取换水、保持适量藻类、使用有益微生物制剂等措施。

5. 溶解氧调控

以鼓风机将空气打入育苗池水中，通过散气石把气流细化，延长空气在水中停留时间和接触水体的面积，以提高溶解氧浓度。溶解氧的高低不仅与充气量的大小有关，还与散气效果和水温密切相关。散气孔越细，空气在水中停留时间越长、接触面积越大，融入效果越好则越有利于提高溶解氧，而水温越高越不利于提高溶解氧。溶解氧是维持良好水质环境、决定虾苗健康状况的重要因子，长期缺氧会导致一系列的异常和疾病。对虾育苗期一般保持育苗水体溶解氧在 $6×10^{-6}$ 左右。增加换水、降低水温、降低水中有机质含量、降低幼体密度都有利于提高溶解氧。

水产养殖、育苗的增氧方法还可以用纯氧充气，气量小而增氧效果强。但对虾育苗需要借助充气翻腾水体，因此不适合使用纯氧充气增氧。

6. 赤潮、有害生物的控制

经常检查池水中有害生物的种类及数量。部分微藻对幼体有害，例如多种裸甲藻（*Gymnodinium* spp.）所分泌的毒素可使对虾幼体呈现麻痹状态并停止摄食而死亡。微型原甲藻（*Proocentrum minimum*）量多时育苗一般不顺利。多边膝沟藻（*Goniaulax polyedra*）也有较强毒性。遇到这种情况，可用 $(0.5~0.8)×10^{-6}$ 的硫酸铜，或用 $0.2×10^{-6}$ 的有效碘杀除。蓄水池内的赤潮生物可用 $(4~5)×10^{-6}$ 的漂白粉杀除，池水经曝晒或充气后再使用。

7. 光照调控

充足的阳光，可促进育苗池内浮游植物的繁殖。浮游植物能消耗氨氮、增加溶氧，保护生态环境的平衡与稳定。虽然光照对于对虾幼体生长发育的影响目前还没有统一、明确的结论，但一般认为，对虾溞状幼体期对直射光较敏感，因此早期幼体应适当遮光。另外，为了防止浮游植物过量繁殖导致水质失控，也不能任由强光直射育苗池。因此，目前对虾育苗生产通常还是适当遮光，但不同技术人员掌握遮光的程度和照度有较大差别，业者应根据

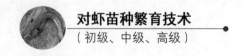
自己的经验灵活掌握。

五、日常观察检查与记录

对虾育苗期幼体生长发育快速、变态频繁，在高水温、高密度的人工条件下，育苗池水环境瞬息万变，必须坚持现场巡视、观察、检查，随时跟踪分析及记录。

1. 常规巡池观察检查时间

早中晚例行观察检查：通常育苗技术人员每天应在早、中、晚对每池虾苗进行现场观察和检查，及时发现问题，制订相应的管理计划。

一般在上午 6:00—8:00 完成晨检，以便制订当天的投饵、换水等管理计划，检查时可向夜间值班人员询问相关情况。中午检查一般在午饭后，主要查看上午换水后的幼体和水质情况。晚上检查一般在睡前进行，查看有无重大异常。因夜间在岗人员少，要预判夜间可能发生的情况，提前采取措施，提醒值班人员应注意的事项。

不定期观察检查：除了早中晚的例行检查外，还应不定期、随机的抽查。如投饵、换水前后的检查，用药以后的检查，等等。

2. 常规观察检查主要内容

用 500 毫升玻璃烧杯在充气头舀起约 300 毫升水，透过手电筒光束观察虾苗的状态以及池水的水色、透明度和悬浮物等水质状况。

观察幼体：幼体是否按时变态，幼体多数在夜间蜕皮变态，蜕出的壳会悬浮于水中。晨检时要特别注意悬浮物中的虾壳，虾壳多说明变态的幼体多。观察幼体游动是否正常，肠胃是否饱满，幼体拖便比例，体表、附肢是否黏附污物。早期幼体个体小，肉眼观察困难，或无法判断黏污的性质，应以显微镜进行镜检。下附对虾健康幼体的基本特征提供观察幼体参考。

观察水质：主要注意水中残饵及粪便情况。如果细条状粪便很多，说明摄食情况良好。正常情况水色、透明度、悬浮物适中，随着幼体的生长和育苗期的延长，水色逐渐变浓、透明度降低、悬浮物增多，良好的水质颗粒物密而细，烧杯中水旋转时形成云雾状。如果水变清同时出现大的悬浮颗粒物，或出现凝胶体的丝状物，都是水质严重异常现象，应根据实际情况采取换水或用药等应急措施。

3. 幼体镜检及水质检测

显微镜检查可以在肉眼观察的基础上进行更为准确的判断。经验不足的技术人员肉眼很难区分早期幼体的各个不同发育期，也不易看清幼体肠胃的饱满情况。特别是幼体出现异常时，比如体表黏污、不干净，肉眼无法判断黏污物的性质，上述情况都必须用显微镜进行镜检。一般每天都应选择几个典型的池子，或随机抽取不同批次的虾苗进行镜检。通过镜检确认幼体的发育期，检查幼体的肠胃、体表的附着物，可以发现常见的对虾聚缩虫及部分细菌性病原。

对育苗池的水温应该实时监控，没有自动控温设备的育苗场，应每半小时检查一次水温。换水前后应注意水温、盐度的变化。定期对主要水质指标进行的检测，如 pH 值、氨氮、亚硝酸氮等，及时了解水质情况。

4. 日常记录

育苗生产记录积累了每批出厂虾苗可追溯的生产过程和技术措施翔实资料，可为对虾人工育苗生产技术和管理水平的总结、提升提供科学依据，同时有助于树立育苗技术人员工作责任感，提高育苗生产技术和管理水平（记录表见第十章表 10.2）。

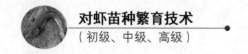

六、搬池

搬池就是通过排水把整池虾苗搬移到另一个池继续培育。生产上，到后期幼体，如果出现幼体密度过低、池底沉积物或死苗过多、需要彻底改换水质等异常情况时，可以通过搬池或并池来提高生产、管理效率。但溞状幼体期体质纤弱、娇嫩（断一根刚毛也会影响正常发育），应避免搬池或并池操作。P5 以后的仔虾幼体，抵抗力增强，需要时可以进行搬池操作。

搬池、并池最好在原池附近有空池子，经过清洗、消毒、冲净后方能进水放苗，注意新池与原池的温度差、盐度差不宜过大。为了减少搬池后的水质变化，可以吸入部分原池水混入新搬池。并池要选择发育期相近或相同的池子进行合并，可用集苗法操作，发育期相差较大的幼体避免合并。搬池总是对幼体会造成一定的损伤，可能的情况下应尽量避免。

七、泛池现象与处理

泛池是指出现很多胶状絮凝物，随着絮凝物在水中翻滚，黏住大量虾苗，最后随着絮凝物下沉池水变成清澈见底。泛池是多因素造成的，絮状物由幼体粪便、有机物颗粒及细菌絮凝形成。泛池会导致幼体大量死亡，存活的幼体也由于泛池后会变成死水而很难继续培育。

一般对虾育苗池内经常会出现一些絮状物，数量少时不会造成危害。泛池的原因是有机物丰富，细菌大量繁衍的结果，有时排水过多，充气量突增，也会将池底污物冲起来出现类似情况，此时应停止充气 20~30 分钟，待絮凝物沉附池底后再继续充气。向池内撒上一层砂也可防止池底上泛。发现泛池时泼撒沸石粉可加速絮凝物的沉淀。

第三节　虾苗出池与运输

一、虾苗的出池和计数

1. 虾苗出池

按不同种类的要求，虾苗达到一定的规格后方可出池：凡纳滨对虾苗体长达到 0.8~1.0 厘米，斑节对虾苗 1.0~1.2 厘米，中国明对虾苗 1.0 厘米以上，日本囊对虾苗 0.8~1.0 厘米，新对虾属虾苗 0.8 厘米以上。一般要求培育时间达到 20~25 天，发育期达到 P 10~P 15 以上的虾苗才达到养殖虾苗的要求。不同品种、不同放苗季节要求有所不同：一般低温季节放苗规格要大一些，高温季节放苗规格可以小些；精养高位池可以小一些，粗养池要大些。

凡纳滨对虾一般在 P5~P7 体长 0.6~0.7 厘米时出池，然后进入为期 7~10 天的标粗和继续淡化过程。凡纳滨对虾淡化养殖的虾苗规格应达到 1.0 厘米以上。

出苗时，先用虹吸法将育苗池的池水排出大部分，将池水的水位降至 30~40 厘米，用集苗箱挂（30~40 目）筛绢网置于集苗槽内，集苗箱筛绢网袖口套在苗池排水口的水管上，用棉线扎紧，集苗箱放在池的排水口处，拔出池内排水地漏的插管或排水口的开关收集虾苗。以集苗槽排水口的插管来控制集苗槽水位，调节集苗槽与池内的落差，防止因落差过大流速过快损伤虾苗。当集苗网箱内的虾苗达到一定的密度时，用苗勺把虾苗捞出（图 6.3），移到事先准备好的出苗桶中。出苗桶中的虾苗密度不宜过大，以每桶（容积 0.5 立方米）不超过 100 万尾苗为好。若出苗（图 6.4）时水温和气温过高，可用冰块适当降温。

图 6.3　捞虾苗用的苗勺

图 6.4　出苗

2. 虾苗计数

虾苗的计数有重量法、容量法和干量法三种，重量法是离水称取一定重量的虾苗，计算出个体数量，然后再称出所有虾苗的总重量，从而得出虾苗的总数量。容量法是将虾苗集中于已知水容积的玻璃缸或塑料桶，充分搅匀后用一定体积的量杯随机取样 3 次计数，以取样的单位体积虾苗数量的平均值推算整桶的苗量。干量法是用小漏匙作为量苗杯，离水量 1 杯数出虾苗数量，然后以杯为单位进行包装。由于干量法 1 杯虾苗数量较大，全部点数费时、费力，常把 1 杯虾苗放在约 10 升体积的桶里，在水中搅匀后均分为十份，抽样计数其中 1 份；或在一批虾苗装袋后随机抽取 1~2 袋，以上述计数十分之一的方法算出每袋虾苗的数量。

采用重量法时，虾苗取样重量为（天平或电子秤）100~200 克，但取样量要根据虾苗的大小决定，以每个样品 1 000 尾左右为宜（图 6.5）。

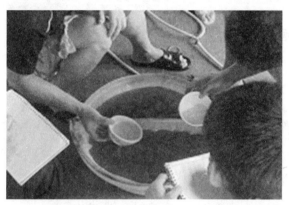

图 6.5　计数

三种计数方法中，干量法误差较小，是目前南方虾苗计数最常用的方法。

3. 出苗的注意事项

① 装集苗箱时，排苗的出水口水管一定要整个裸露在网箱里，管口不能堆积任何网衣，防止排苗时虾苗冲积在管口网衣上造成虾苗死亡。

② 排水时，原池内要继续充气，并随着池内水位降低逐渐减小充气量，以免把池底的污物、杂质泛起。

③ 池底开始离水后，应安排 1 人在池底提水桶和水瓢，随时对离水的池

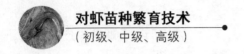

底进行冲洗，把搁浅虾苗冲洗到有水的地方。冲洗时用水瓢打水，用力要轻，以防洗出过多的池底沉淀物。虾苗越大，搁浅的越多，特别是斑节对虾、日本囊对虾等喜欢贴底的种类，排苗时及时冲洗池底尤为重要。

④ 出苗、清底是观察池底情况，检验育苗过程管理水平的最佳机会。技术管理人员应利用这个机会，仔细检查池底、池壁的污染情况，包括残饵、沉积物、死苗以及可能的病源生物等情况，通过分析、总结，提高育苗技术和管理水平。

二、虾苗运输

虾苗运输最重要在于保证虾苗存活的同时，尽可能提高单位水体的装苗数量，尽可能降低运输成本。特别是空运虾苗，运输距离远、运输过程变数大、运输价格昂贵，虾苗包装密度和包装温度的把握是运输虾苗成败的关键。

虾苗运输多采用车运和空运。一般采用塑料袋充氧打包后装入泡沫箱，并在包装时通过降低水温或箱内加冰块等方法适当降温，以泡沫箱进行车运或空运。车运时如果运输时间较短、气温适合，则可以不用包装箱，直接装袋后运输。如果长距离运输，且包装密度较高，则应泡沫箱保温运输。

跨省长距离运输一般采用空运。凡纳滨对虾体长约 0.6 厘米（P6）的仔虾，标准海鲜专用空运包装箱装水 14 千克，水温 23℃，每箱可装 10 万尾，安全运输时间可达 10 小时。

短距离、虾苗个体较大、运输数量较少时可采用车载帆布桶或塑料箱进行散装运输，途中不间断充气。车载散装运输，装苗密度视虾苗品种、虾苗大小、运输时间长短和水温高低而定。如果路途远，气温高，又没有充气和换水条件，装运虾苗数量就应少一些，反之，可以多一些。一般运 1.0 厘米的虾苗时间应控制在 6 小时左右，采用直径 1 米、高约 1 米的帆布桶（装水1/3），装运量约为 30 万~50 万尾。采用充气塑料袋包装运输，体积 10 升的聚乙烯袋，装水 1/3，充氧气 2/3，装 0.8 万 ~ 2 万尾虾苗。目前基本虾苗运输基本上采用塑料袋充气包装运输（图 6.6）。

图 6.6　充氧打包

第四节　凡纳滨对虾仔虾标粗、淡化

一、淡化培育前的准备

1. 育苗池及工具的消毒

首先将工具及育苗池用清水浸泡并洗刷干净，然后用（50 ~ 100）×10^{-6} 的漂白粉或（20 ~ 30）×10^{-6} 的高锰酸钾浸泡洗刷，彻底消毒。

2. 育苗用水的处理

① 水质要清新无污染，透明度高（40 厘米以上），pH 值 7.8 ~ 8.5、溶解氧 6×10^{-6} 以上、氨氮 0.1×10^{-6} 以下。

② 放置时间较长的水还应进行适当消毒，以杀灭可能存在的病原体。

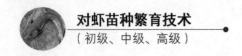
③ 在进苗的前一天或当天上午，淡水入淡化池。水入池时用 120 目以上的尼龙网袋过滤，水深 0.6~0.8 米，然后用粗盐、氯化钾、硫酸镁、氯化镁、氯化钙等或海水精把盐度调至运输用水的盐度，并按（3~5）×10^{-6}浓度加入 EDTA 二钠盐，微量增氧，力求使淡化池水质与原育苗池保持一致。

二、虾苗的选择

① 选择凡纳滨对虾进口 SPF 种虾繁育的仔 1 代虾苗，或者国内经过国家审定的新品种虾苗。遗传背景不清楚的土苗质量缺乏保障，一般不要选择。

② 虾苗健壮活泼，体形细长，大小均匀，体表、附肢干净，头胸甲边缘不卷曲，双眼清澈对称，尾扇张开，肌肉结实，肠胃饱满，对外界刺激反应灵敏，游泳有明显的方向性，净水时贴壁、贴底，流水时逆流，放在手掌上会跳动，身躯透明度大，全身无病灶。

③ 虾苗抗逆性强，从育苗池随机取若干尾虾苗，用拧干的湿毛巾包裹，10 分钟后放回原池虾苗能够存活。

④ 虾苗发育至期 P5，体长大于 0.6 厘米。

三、标粗、淡化培育

1. 放养密度

工厂化育苗车间淡化或标粗，虾苗的放养密度以 10 万~15 万尾/米^{2}为宜。

2. 投饲管理

（1）饲料选择

淡化期间可选择育苗用虾片、车元等优质虾苗饲料，并根据仔虾食性的变化应搭配部分卤虫幼体或成体，以提高虾苗的体质和存活率。

（2）投饲方法

虾片饲料置于 60~80 目的尼龙筛绢网袋中，放在桶里加水用手捏挤，使饲料全部溶化于水中，然后将其均匀泼洒投喂。每百万尾虾苗每次投喂 20~30克，每天投喂 4~6 次，必要时可增投 1~2 次，并根据摄食情况适当增减饲料。原则上是量少勤投，根据虾苗密度、规格大小、水质等情况灵活掌握。

3．水质控制

（1）温、盐度调节

淡化、标粗过程也是虾苗野外放养前的适应和驯化过程，温度、盐度都要由高到低缓慢调节，并根据室外养殖池的环境条件，逐渐达到出苗的要求。

一般虾苗进入淡化池时，淡化池的温、盐度应该与虾苗包装袋的条件基本相同，稳定 4~5 小时后开始加温，同时缓慢加入淡化水。为了提高虾苗对室外养殖池的适应性，标粗和淡化期间水温不宜过高。初期将温度逐渐提高到 27~28℃，后期至少应提前 3 天开始降温，使其与室外水温接近，临时降温将严重影响虾苗的存活率。盐度的下降也要缓慢进行，如果淡化过程盐度需要下降的幅度较大，且需要淡化到纯淡水，则应该延长淡化时间，并在达到目标盐度后再培育 2~3 天，提高虾苗对淡水的适应性。

具体操作如下：根据养殖户的要求，每日降盐（淡化）1~2 次，在盐度20 以上时每次盐度下降（淡化）2~3。在盐度 10~20 时每次降盐（淡化）1~2。在盐度低于 5 时每次降盐（淡化）不超过 1 为宜。在盐度低于 3 时，降盐速度要更慢。对于纯淡水养殖的虾苗，一定要将盐度降到 0，并持续稳定48 小时以上。

（2）调节好 pH 值

由于加入大量淡水，淡化池 pH 值将有较大的下降。要求 pH 值下降缓

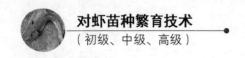

慢，突降不超过 0.3，pH 值过低时可用生石灰调节，力求与养成池的 pH 值基本一致。

淡化培育所需的淡水水源要特别注意。来源于地下水源，铁等矿物质、重金属含量常常偏高，pH 值异常，所以地下水一般要经过曝气、暴晒后，经检测 pH 值正常才可以使用。如果水源来自河流和水塘，则应特别注意陆地污染，比如农药、工业或生活废水等，可能存在水源的富营养化问题。要在实际操作中积累经验，适时调整。

（3）日常管理

淡化培育过程要经常监测 pH 值、溶解氧、氨氮等主要水质指标。必要时用显微镜观察虾苗体表是否有杂物附着或寄生虫等。淡化培育中常出现在主要水质指标正常的情况下，水体泛黄、咸淡水混合中发生反应出现混浊、虾苗浑身沾污等异常现象。因此，日常管理中更重要的是仔细观察虾苗的行为，以虾苗的反应来判断水质以及决定采取的技术措施。

四、注意事项与操作方法

凡纳滨对虾适盐性广，但其对盐度突变依然敏感，需要缓慢的驯化和适应过程。实践表明，在盐度 20 条件下，仔虾能承受的盐度突变范围可达 6~7。而盐度 10~20 条件下，能忍受的盐度突变范围为 4~5；盐度小于 10 时，能忍受的盐度突变范围小于 3；尤其在盐度小于 5 时，所能忍受的盐度变化幅度仅为 1~2。也就是说，盐度越低，虾苗对盐度的变化越敏感。因此，要培育出适应纯淡水的虾苗，后期的淡化处理一定要有足够的适应时间。

思考题（初级工：1~9 题；中级工 1~16 题；高级工 1~17 题）

1. 对虾育苗生产需做哪些准备工作？

2. 如何对无节幼体进行消毒处理？

3. 不同种类对虾无节幼体的培育密度有何不同？

4. 以凡纳滨对虾为例，简述各期幼体培育的主要技术措施。

5. 不同种类对虾各期幼体培育中对水温的要求有何差异？

6. 在正常育苗温度范围内对虾幼体需经过哪些变态？各需多长时间？

7. 在对虾育苗过程中，对苗池充气有哪些作用？各期幼体培育期的充气量要求如何？

8. 对虾育苗生产中，有哪些添加和换水的方法？换水操作应注意哪些问题？

9. 如何选用换水网箱的滤水网目？

10. 在对虾育苗过程中，饵料投喂应注意哪些问题？

11. 在对虾育苗过程中，需要注意哪些注意水质指标？如何调控？

12. 日常检查幼体发育状况要注意哪些问题？

13. 如何判断幼体的健康特征？

14. 什么是"泛池现象"？如何处理？

15. 如何计数虾苗数量？

16. 如何进行虾苗的运输？

17. 如何对凡纳滨对虾仔虾进行标粗淡化培育？

第七章
对虾育苗的生物饵料与人工配合饲料

[**内容提要**] 主要介绍对虾主要生物饵料的种类；单胞藻饵料生物的培养；卤虫卵孵化培育；褶皱臂尾轮虫的生产性培养及人工配合饲料等。

[**分级要求掌握的内容**] 初级工：第一节，第五节；中级、高级工：全部。

*拉丁文种名不要求掌握。

第一节　对虾生物饵料概述

一、对虾生物饵料重要意义

自然海区对虾幼体的生长发育赖于摄食生活水域中的生物饵料。在对虾育苗生产中，尽管已有许多技术成熟的人工配合饲料可供选用，但生物饵料仍然不可或缺。投喂饵料生物不但可以提供幼体健康生长发育所需的天然营养，而且有助于改善育苗水体生态环境，抑制有害细菌的繁殖，同时可以大大降低对虾育苗生产成本。

二、对虾育苗饵料生物主要种类介绍

在对虾育苗中，通常采用的饵料生物有三大类：植物类饵料生物单胞藻类、动物类饵料生物如卤虫无节幼体、轮虫等以及细菌类饵料生物如光合细菌、酵母菌等。

1. 单细胞藻类

（1）硅藻类

① 骨条藻（*Skeletonema* spp.）（图 7.1a），由多个单细胞通过胞间连丝连成条状群体。其中的中肋骨条藻（*Skeletonema costatum*）是对虾育苗中最常用的单胞藻类。其适温范围为 15～20℃。繁殖生长最佳（指数生长期）的时候水体呈浅茶色。

② 菱形藻（*Nitzschia* spp.），细胞呈菱形、梭形。其中小新月菱形藻（*N. closterium f. minutissima*），也是对虾育苗中最常利用的种类。其适温范围为 15～20℃，28℃停止生长并易沉淀，北方的对虾育苗中较多选用。

③ 三角褐指藻（*Pheodactylum tricornutum*），由许多梭形、卵形或椭圆形个体连成的三角形群体。该种生态习性与小新月菱形藻相似并容易培养，也是对虾育苗中常用的饵料藻类。

④ 角毛藻（*Chaetoceros* spp.），细胞体很小，由于具有四根角毛，所以很容易被虾、蟹幼体捕食。其中牟氏角毛藻（*Chaetoceros muelleri*）（图 7.1b）很适于向对虾幼体培育池中接种培育。其适温为 25～30℃，适盐范围为 10～28。另有细质角毛藻（*C. gracilis*）也是一种优良的饵料生物。

（2）金藻类（图 7.1c）

金藻细胞个体很小，细胞直径小于 7 微米，具有两条等长的鞭毛。其中叉鞭金藻（*Dicrateria inornata*）和湛江叉鞭金藻（*Isochrysis. zhanjiangensis*）

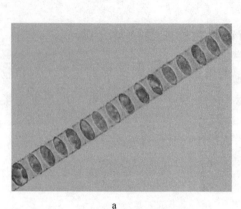

a

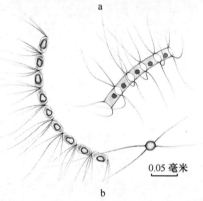

0.05 毫米

b

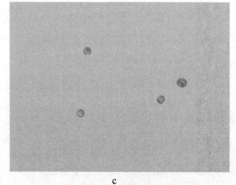

c

图 7.1　生物饵料

a：骨条藻类；b：牟氏角毛藻；c：金藻

均是对虾育苗常用的饵料生物。另有绿色巴夫藻（*Pavlova viridis*），无细胞壁，易被消化，是鱼、虾幼体的优良饵料。培育难度大，并不普遍使用。

（3）绿藻类

扁藻（*Platymonas spp.*），具有四条鞭毛的较大型单细胞绿藻类，适应性强易于培养，是虾、蟹育苗常用的饵料。对虾育苗中常用的有四乳突扁藻（*P. tetratela*）和亚心形扁藻（*P. subcordiformis*），细胞个体小于 18 微米。还有青岛大扁藻（*P. halgolandica var. tsingtaoensis*）个体较大，约 20~24 微米。扁藻适于做为对虾幼体的饵料，但是第一期溞状幼体难以消化，所以不宜过早投喂。

2. 卤虫

卤虫（*Atemia* spp.）是节肢动物中一类低等的甲壳动物。其中咸水卤虫（*Atemia salina*）俗称丰年虫，在我国南北沿海都有分布。卤虫卵孵化的无节幼体是工厂化对虾育苗最主要的动物性生物饵料。刚孵化出的卤虫无节幼体含粗蛋白质 57.4%、粗脂肪 7.4%、灰分 19.2%。含有与对虾组成相似的氨基酸与脂肪酸，是对虾糠虾、仔虾期幼体理想的生物饵料。商品性卤虫卵批量孵化卤虫无节幼十分便捷。

3. 轮虫

轮虫是一类小型的无脊椎动物，因其前端有一纤毛构成的轮盘，故称轮虫。其生态适应性强，孤雌繁殖很快。轮虫营养丰富，含蛋白质 52.1%、粗脂肪 15.6%、灰分 17.7%，其不饱和脂肪酸的含量较高，是虾、蟹、鱼幼体理想的开口饵料。近海有多种轮虫，其中褶皱臂尾轮虫（*Brachionus plicatilis*）最为常见并且资源丰富。它广布于沿海半咸水池塘或小水洼中，其体幅约 150~200 微米，在水中浮游肉眼依稀可辨。褶皱臂尾轮虫也是对虾育苗中采

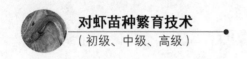

用的动物性生物饵料。近期为了早期育苗的需要，有些单位还选育了耐低温轮虫，可在15~20℃的温度中繁殖生长。

4. 其他饵料生物

桡足类及枝角类动物也是仔虾的优良饵料，可野外捕捞直接投喂，也可经冷藏储存随时取用投喂。

第二节　单胞藻类饵料生物培养

一、培养单胞藻类的注意事项

培养单细胞藻类应注意：一是针对目标藻类培养的理化环境条件进行优化，主要有适合范围的温度、盐度、营养盐和光照等；二是维持目标藻种种群的显著优势，抑制其他藻类和有害生物繁殖；三是预防及控制其他生物"污染"的发生，特别是敌害生物的侵入。单细胞藻类培养和生产的全过程均应贯彻以上要点。

二、单细胞藻类培养方式

在对虾育苗生产中，培养饵料生物单细胞藻类通常有专门设施的培养和育苗池内直接培养两种方式。

1. 专门设施的培养

在饵料生物培养室精心进行保种、扩大培养，然后接种入专设的藻类生产池培养、收获、投喂对虾幼体。连续生产性培养藻类时可省略一、二级培养环节。其过程示意如下：

纯化保种（一级培养）接种→中间培养、扩大（二级培养）接种→生产性培养（三级培养）→收获

2. 育苗池内直接培养

位于"肥水"海区（含有天然目标藻种）的育苗场，可以预先在育苗池内添加营养盐直接培养单胞藻，然后将无节幼体移入育苗池内培育。这种培养方式较简便，也减少生产成本。其过程示意如下：

过滤海水（含目标藻种）→育苗池、施肥培养←移入无节幼体育苗

三、专门设施的藻类培养工序

单细胞藻类培养的工序为容器工具的消毒、培养液的配制、接种和培养管理等四个主要环节。

1. 容器工具的消毒（参见第四章第二节中二）

主要有水中煮沸消毒、消毒液消毒、电热鼓风干燥箱消毒等选择。

2. 单胞藻培养液的配制

将营养盐加入消毒的海水，制备出藻类的培养液。海水的消毒处理目的在于杀灭原生动物、杂藻等干扰生物。添加的营养盐必须根据不同藻类对营养盐组分的要求来定。

（1）海水的消毒处理（参见第五章第三节中的一和二）

主要有煮沸海水消毒、次氯酸钠［NaClO］消毒、酸处理消毒等选择方法。

（2）单胞藻类培养液制备

根据不同藻类对营养盐浓度组分的要求（表7.1），配制相应的单胞藻类培养液。

表 7.1　藻类培养液常见配方

	绿藻 （扁藻、小球藻）	硅藻 （角毛藻、三角褐指藻）	金藻	骨条藻
硝酸钠	50 克	50 克	60 克	20 克
尿素	18 克	–	–	–
磷酸二氢钾	5 克	5 克	4 克	7 克
柠檬酸铁	0.05 克	0.05 克	0.05 克	0.05 克
硅酸钠	—	4.5 克	4.5 克	5 克
维生素 B_1	0.1 克	0.1 克	0.1 克	0.1 克
维生素 B_{12}	0.005 克	0.005 克	0.005 克	0.005 克
海水	1 立方米	1 立方米	1 立方米	1 立方米

3. 单胞藻类培养流程

一般来说，单细胞藻类培养分为一、二、三级培养。

（1）一级培养（图 7.2a）

也称保种或藻种培养。培养容器通常用 100～2 000 毫升的三角烧瓶，瓶口用消毒的纸巾或纱布包扎。培养液培养相应的纯藻种。

（2）二级培养（图 7.2b）

或称中间培养、扩大培养。由一级培养的藻种接种，扩量培养高密度的纯种藻液，提供生产性接种使用。二级培养一般使用大的玻璃容器（缸）或大的透明塑料袋。

（3）三级培养（图 7.2c）

即生产性的培养。预先在 2～10 立方米的水泥池（或大型的玻璃钢水槽、大容量的透明塑料袋）的消毒海水"施肥"，即添加营养盐（参照表 7.1 配方），然后由二级培养的藻种接种进行生产性培养。吊挂透明塑料袋培养藻类方式不占地盘、操作灵活、方便、效率高，为许多育苗场采用。

图 7.2　单细胞藻培养

a：单细胞藻类一级培养；b：单细胞藻类二级培养；c：单细胞藻类三级培养

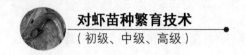

四、单胞藻收集与投喂操作

当单胞藻培养密度达到每毫升约 10 万~20 万个的时候就可以收成了。观察单胞藻培养水色经验判断收成时机也实用于生产实践。收集投喂操作方式如下：

1. 直接收集投喂

利用藻类培养池与育苗池设施的落差，用软管将单胞藻液引入育苗池投喂对虾育苗幼体。

2. 浓缩收集投喂

用专用收集单胞藻的绒袋（网目 5 微米）套住藻类培养池收集口，浓缩收集单胞藻，然后均匀泼洒投喂对虾育苗幼体。

五、单胞藻类培养与管理的主要技术措施

1. 施肥

根据藻类的营养要求，选用合适的配方。不同营养盐（肥料）应分别施放，均匀泼洒。

2. 接种

接种时应注意藻种质量和数量，藻种质量要求：藻种处于指数生长期（生命力强、生长旺盛），"水色"正常（如骨条藻液亮棕色），藻体上浮或悬浮，不沉淀，无敌害；藻种数量要求：尽可能采用高量接种，加快形成数量优势，缩短生长期，抑制敌害繁殖。

接种时藻种液与培养液的量比与不同藻种及其质量和密度有关，难以定量。比例参考：一级培养环节为1：2～1：5；中继培养环节为1：10～1：20。大池培养藻种量不足时，可采用逐步添加培养液稀释的办法。实践经验的方法是观察水色变化。骨条藻在条件适宜时，繁殖迅速，易于扩大生产。

接种时间：最好早上8:00—10:00进行，不宜在晚上。

3. 搅拌或充气

小水样搅拌或摇动，大水体充气。其作用是：助推藻细胞上浮，补充CO_2，提高光合作用效率，培养液动态可防止菌膜形成。小水样的摇动和搅动每天定时进行，至少3～4次/天，每次半分钟左右。大水体充气（空气）不间断，但要注意检查并调控适宜的充气量。

4. 调节光照

根据不同藻类对光照的要求调节光照。微藻一般不能忍受强烈的直射光。采用太阳光光源时，应根据天气启闭遮阳设施调节光照；采用人工光源时，可控制光照强度和时间，日光灯（40～100瓦）或生物反应灯如DDF-400型反射镝灯，距水面2.5米，每平方米布设一盏。

5. 调节酸碱度变化

温度较高时尤其是夏季，藻细胞繁殖快，二氧化碳消耗大，导致碱度上升，应注意检测培养液的酸碱度，调节办法是添加适量的盐酸或添加碳酸氢钠。

6. 日常观察和检查作业

每天上、下午各观察一次藻类的培养情况，发现问题时及时进行镜检并

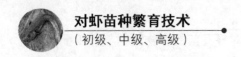

做记录。主要注意：

（1）水色

正常情况总体看起来清爽。绿藻类的扁藻、小球藻呈嫩绿至深绿，若变黄表明生长不良；硅藻类的三角褐指藻、小硅藻、角毛藻为褐色，骨条藻呈亮棕色；金藻呈金褐色，由浅至深。

（2）浮动状态

正常情况单胞藻有无趋光性，上浮或悬浮，气温高于水温时易上浮。

（3）沉淀与附壁粘连

藻类对环境因子变化敏感，环境不适、营养不足或敌害生物侵扰，会出现许多藻细胞沉淀。若沉淀藻体保持原藻色，藻无死亡，有恢复正常的可能。生长不良，出现附壁粘连。

（4）菌膜

有细菌或真菌繁生时会观察到飘动菌膜絮。

7. 敌害生物防治

（1）敌害生物及其危害

敌害生物的污染和危害，是目前单胞藻生产性培养不稳定甚至失败的重要原因。敌害生物种类多，能在藻液中迅速大量繁殖。常见的几种危害种类主要有细菌、轮虫和原生动物的一些种类如腹毛虫、急游虫、尖鼻虫、变形虫等。敌害生物对单胞藻的危害，主要是直接吞食单胞藻和通过分泌代谢产物对单胞藻起毒害作用。当分泌的有害物质还较少时，培养藻类表现为生长缓慢，当分泌的有害物质多时，即造成藻细胞大量下沉死亡。

（2）敌害生物入侵途径

主要有如下几个方面：

① 海水消毒处理不彻底；

② 容器工具消毒不彻底；

③ 肥料携带；

④ 其他途径如昆虫带入或雨水带入等。

（3）敌害生物的预防措施

采取预防为主，防治结合的原则。预防措施包括：

① 严格阻断敌害生物入侵途径。藻类培养所有环节都应严格阻断敌害生物入侵途径。

② 保持培养藻类的生长优势和数量优势。利用生物间的拮抗、消长的生态学机理，保持目标藻种良好培养环境条件，采取高量藻种接种措施，促进种群迅速占据绝对优势，抑制有害生物繁衍。

③ 做好藻种的安全分离、保藏及接种供应操作。

（4）除杀敌害生物的措施

① 使用药物抑制或杀灭敌害生物。如青霉素 1 万国际单位/升海水的处理可抑制细菌；对金藻中的原生动物，用次氯酸钠 4～8 毫克/升（有效氯）海水处理，处理时间约 2 小时为宜，在夜晚进行，第 2 天早上绝大多数藻细胞都能恢复。

② 改变培养液的环境条件。如酸化处理，降低培养液的酸碱度，配制 1 当量的盐酸，每升藻液加 3 毫升 1 当量的盐酸处理 1 小时，又用 1 当量氢氧化钠中和，对金藻、扁藻中的尖鼻虫和腹毛虫有一定的处理效果，约 1～2 天恢复正常，在酸碱度值等于 3 的情况下，金藻可存活 24 小时，硅藻、绿藻存活 1 小时。

③ 改变海水盐度。利用生物盐度适性的错位，消灭有害生物。如扁藻可适宜 8 以上盐度，在正常海水中加盐提高比重到 1.56～1.60 处理 24 小时，可杀死扁藻培养液中的腹毛虫，处理以后再稀释，藻细胞恢复正常。盐藻中变形虫危害时，1 000 毫升培养液中加食盐 70～110 克，可达到一定的处理效果，

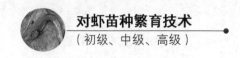
处理后 15~18 天藻细胞恢复。

④ 释放天敌的生物防治。如利用卤虫善于捕食藻液中的原生动物，可于每升藻液中投放 0.1~1 个卤虫，这种释放天敌的方法，消灭原生动物效果较好。对"老化"的藻种，每升培养液投放 2~3 个卤虫，可起到优化藻种的作用。

第三节　卤虫卵孵化培养

一、卤虫卵孵化的生物学知识

1. 卤虫卵的生物学特性

卤虫在生活环境良好时行无性繁殖即孤雌生殖，当环境不良时行有性生殖产生休眠卵，休眠卵具有滞育期和静止期。商品卤虫卵就是根据这一生物学特性收集来自于冬季（低温）盐场卤池（高盐）的滞育期休眠卵（称冬卵），经过人工冷冻催醒处理的静止期活性休眠卵。当环境条件适宜时即可孵化。商品卤虫卵经人工孵化产出的无节幼体是对虾育苗幼体主要的动物性饵料。

美国进口的卤虫卵卵径小，每克 30 万~38 万粒。最优良的卤虫卵每克可孵出无节幼体 30 万只。我国产的卤虫卵径较大，如埕口盐场产的商品卤虫卵每克 22 万粒左右。

2. 影响卤虫卵孵化的主要因子

（1）温度

多数卤虫卵的最佳孵化温度是 25~30℃。低于 25℃孵化时间延长，高于

33℃胚胎的新陈代谢停止，卵孵化不出来。孵化期间最好能保持水温的相对稳定。

（2）盐度与 pH 值

生产上孵化卤虫卵多使用天然海水加盐提高盐度至 35～60。但也有某些品种用半咸水（盐度 5）更为有利。这主要是低盐度有利于虫卵吸水，并可减少为了破壳而必须产生的甘油数量，保持无节幼体所含的能量。

pH 值 7.5～8.5 为佳，在孵化过程中由于呼吸作用使 pH 值下降，使用 2.0%的碳酸氢钠对于保持 pH 值不低于 8 有作用。

（3）溶解氧

卤虫的胚胎发育过程需要有充足的氧气。孵化中，水中的溶解氧应保持在 2 毫克/升以上，充气不仅在于提高溶氧量，还有翻动散布防止下沉聚集的作用。

（4）光照

光是激活滞育期虫卵的条件之一，尤其是淡水浸泡时，光照必不可缺少，孵化槽水面应保证 2 000 克勒斯以上的照度。

二、卤虫卵质量鉴别方法

衡量卤虫卵质量好坏的通用指标是孵化率与孵化效率。孵化率是表示卵子孵出幼体的百分比。孵化效率是指每克卵在标准条件（盐度 35、温度 25℃、光照 1 000 克勒斯以上、48 小时）孵出的幼体总数。

对虾育苗场通常采用孵化率来评价卤虫卵的质量，其测定方法是：取 1 000 个卵置于 100 毫升海水中。在 24～28.5℃，充气或经常搅拌的条件下，经 48～72 小时孵化后，用碘液固定，记录孵出的无节幼体数，从而得出孵化率。

另有初步鉴别商品卤虫卵质量的方法如：

① 随机取少量卤虫卵在解剖镜下观察其好坏卵的比例。凡外观圆滑、无

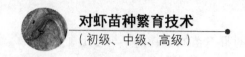
裂缝开口、无凹陷的卵即为好卵。好卵比例越大质量越好。

② 随机取少量卤虫卵于载玻片上加 1~2 滴清水用盖玻片将卵压碎，在低倍显微镜下观察，凡有卵内生物内含物流出即可认为好卵，好卵越多质量越好。

三、卤虫卵孵化的工序与技术操作

1. 卤虫卵孵化的设施设备准备

卤虫卵的孵化大多用锥形底的卤虫孵化桶，也可用锥形底水泥池或平底池。配备充气、加温、工具等设备。

2. 卤虫卵孵化水体的准备

卤虫卵孵化可使用过滤海水，调控温度在 27~30℃，调配盐度 35~60，pH 值 7.8~8.5。卤虫卵孵化水体总量应根据生产规模的需要准备。

3. 卤虫卵的预处理

为纯净卤虫卵提高卤虫卵孵化率，孵化前必须对卤虫卵进行淘洗、消毒和浸泡等预处理。

（1）淘洗

将卤虫卵装入 100 目筛绢袋，用水反复淘洗直到淘洗水变清。

（2）消毒

消毒方法有如下选项：

① 配成用含有效氯 $20×10^{-6}$ 的（一般生产上采用的漂白粉含有效氯28%~36%的）或漂白精溶液浸泡 1~2 小时，或用 $200×10^{-6}$ 的有效氯处理 20 分钟，再用 3% 的双氧水浸泡 10~15 分钟。

② 用 60 毫克/升浓度的福尔马林浸泡 15 分钟。

③ 用 100 毫克/升的高锰酸钾溶液浸泡 40~60 分钟。

卤虫卵消毒后应充分漂洗去掉残余消毒液再进行孵化。消毒的目的在于除弃卤虫卵携带的细菌、霉菌等病原生物孢子和碎屑杂质，同时有利于提高孵化率。

4. 卤虫卵的孵化

将预处理过的卤虫卵移入准备好的孵化水体，孵化密度参照 1~2 千克卤虫卵干重/每吨水（以每克干重含 20 万粒卵的样品为例），水温控制在 27~30℃，盐度 35~60，pH 值 7.8~8.5，连续激烈充气。做好日常管理和记录。大约 24~28 小时可孵出无节幼体。

四、卤虫无节幼体的收集与投喂

1. 采收

为采收纯净的卤虫无节幼体，一般采取黑暗分离法，它利用卤虫无节幼体的趋光习性（图 7.3）。操作如下：

图 7.3　卤虫收集

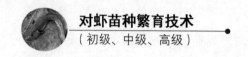

经过 24 小时左右（即）的孵化后，可对孵化的丰年虫进行收集以便于进一步的强化培养。在孵化过程中，可不定时用透明吸管吸取孵化桶表层的少量海水，将吸管的玻璃管壁对着灯光查看丰年虫与虫卵的分离情况，当绝大部分丰年虫与虫卵分离后（此刻表层基本是空的虫卵壳，而沉在底部的灰黑色的卵为死卵），可对丰年虫进行收集。此时可将黑色的塑料纸盖住孵化桶，抽离气石，静止 10 分钟左右后将孵化桶底部的排水阀门打开，将收虫网在出水口对丰年虫进行收集。在收集过程中不断用手左右轻轻摇晃收虫网，以免虫体堵塞网孔便于水分的排出。当桶中水面高度降低到 1/3 位置时，可用手在排水口处接少量水查看水体中丰年虫的情况，如若丰年虫已经很少，可停止收集。

2. 投喂前的消毒处理

收集起来的卤虫幼体充分洗涤后，最好用 100~200 毫升/米^3 的福尔马林消毒 5~10 分钟，然后再投喂。

3. 及时投喂

因卤虫幼体的营养价值随着时间的延长而下降，故应及时投喂。由于对虾育苗产业的分工，可以购买到冰冻卤虫幼体，减少卤虫幼体的培育环节，但其营养效果较差。

第四节　轮虫培养

一、褶皱臂尾轮虫的生态习性

褶皱臂尾轮虫对环境的适应能力很强，其分布由温带到热带广大地区的半咸水和海水水域，喜欢有机质含量较高的水体。褶皱臂尾轮虫一般在 17~20℃时出现，最适的温度范围在 25~30℃，当水温低于 10℃时会产生冻卵、成体死亡。褶皱臂尾轮虫对盐度的适应能力很强，但对盐度的变化耐力较低。最适的盐度范围在 15~25。褶皱臂尾轮虫摄食细菌、浮游藻类、小型的原生动物和有机碎屑，一般大小在 25 微米以下的颗粒较为合适。

褶皱臂尾轮虫为雌雄异体，一般常见的是雌性，当环境因子变化时会出现雄性个体。一般雌性臂尾轮虫身体的前端具有一发达的头盘，亦称头冠。褶皱臂尾轮虫的生长繁殖是孤雌生殖和有性生殖交替进行。当环境条件适宜时主要进行孤雌生殖，产生非需精卵（亦称夏卵）。当环境条件不适时，产生需精卵。未受精的需精卵发育成雄体，经有性生殖产生休眠卵（亦称冬卵）。休眠卵呈橘黄色，壳变厚，卵内有较大的空隙，可以度过冬季。当环境条件适宜时，休眠卵发育而成雌体。

近岸内湾和河口区半咸水池塘常有丰富的褶皱臂尾轮虫，可以野外采收利用作为对虾幼体的饵料。也可作为室内生产性培育轮虫的种源。

二、褶皱臂尾轮虫的生产性培养

轮虫的培养可用室内工厂化培育和室外土池培育两种方式，后者较为经济。

1. 单胞藻培养轮虫

（1）设施

轮虫培养容器通常为 0.5~1 立方米水泥池或聚氯乙烯桶。

（2）饵料种类

为藻类，常用藻类有小球藻、微绿球藻、三角褐指藻、等鞭金藻等。在条件许可的情况下，藻类培养池尽可能大些，尽可能优化藻类培养的条件，

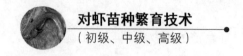

以保证藻类的快速生长。

（3）操作与管理

先在藻类池将藻类培养达到一定密度后，收获一定量的藻液投入轮虫池，然后向藻类池加水，施追肥，继续培养藻类。在轮虫培养池加入一半新鲜过滤海水和一半藻液后，接种轮虫至少每毫升 1 个，当轮虫密度约为 100～150 个/毫升时，全部收获或带水间收，带水间收时，每天收获 30%～50% 的水量，然后再加入藻液，继续培养。采用藻类培养轮虫时，单胞藻的投喂量应在一个合理的范围内，过高或过低均不利于轮虫繁殖。一般采用的最适密度范围是（个细胞/毫升）：亚心形扁藻为 2.5 万～5.0 万个，新月菱形藻为 5.0 万个，盐藻为 1.0 万个，小球藻为 2.0 万～8.0 万个，等鞭金藻 13.2 万个，微绿拟球藻为 1.5 万个。

2. 面包酵母和单胞藻联合培养轮虫

一般轮虫培养池容量 30～40 立方米，藻类培养池容量 100～200 立方米。清洗、消毒池后，放水进池，施肥培养单胞藻，刚开始轮虫池与藻类池可同时培养藻类。当藻类达到较大密度后，将轮虫以每毫升 30～50 个的接种量接入轮虫培养池，接种轮虫后，充气培养。轮虫除摄食单胞藻外，还投喂面包酵母，面包酵母投喂前，用搅拌机充分搅匀，然后均匀泼洒。通常每天每百万轮虫投喂 1～1.2 克，分 2～4 次投喂。培养 4～5 天，当轮虫密度超过每毫升 100 个时，采收水容量的 1/5～1/3。采收后，立即补充采收水量的藻液，继续充气培养，并继续投喂酵母。一般每次培养时间可维持 15～25 天，最后全部采收、清池，开始新一轮培养。培养中轮虫培养池中可悬挂海绵状的树脂纤维片，吸附水中悬浮物（图 7.4）。

图 7.4　轮虫培养

a：加单胞藻培养；b：加酵母培养

三、褶皱臂尾轮虫的采收

用 3 英寸浮泵抽取池水用软管送至池外，出水口用 240 目筛绢做成长筒形，长度为 8~10 米，直径为 40 厘米的筛绢直筒形袋一端套住管口，把袋子另一端用活络结扎口固定在木桩上，袋子下方用聚乙烯纸铺垫，防止网袋磨损。收获时间一般安排在清晨较好，因为下午水温高，轮虫产卵集中，水体黏性物质增多，从而在袋中形成大量的泡沫，降低筛绢的通透性，影响收集效率和产品质量。随时检查袋中轮虫数量，当达到一定量后解开活络结，倒出轮虫至 25 升的塑料桶中，然后迅速运送到虾苗培育池中，保证轮虫在虾苗培育池中的成活率。

在对虾育苗生产中，轮虫培养难以完全满足对虾幼体阶段的需求，一般只投喂第一期溞状幼体。

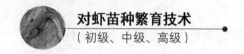

第五节　对虾育苗人工配合饲料

对虾幼体的人工饵料种类繁多，上世纪80—90年代曾经大量采用自制饵料如蛋黄、豆浆、蛋羹、碎蛤肉、碎糠虾肉和毛虾粉等。自制饵料容易污染水质、带入病原菌，随着对虾幼体人工饵料技术的进步，目前育苗生产中基本不采用自制饵料。

一、虾片类

虾片由含不同营养成分的原料配制而成，包括酵母素、氨基酸、维生素及矿物质等，经过微粒化研磨、乳化后，经机器成形干燥而成。虾片富含营养，适合对虾育苗生产的各个幼体期，是目前对虾育苗生产用量最大的虾苗饲料。使用时经60~250目筛绢搓洗后投喂。

二、黑粒

黑粒又称营养素，为高蛋白饲料之一，因饲料中含有色素，兼有"做水色"作用。投喂该饲料后能使水色加深，生产上常以黑粒调节水色。一般溞状幼体和糠虾期使用。

三、微粒类

微粒类虾苗饵料是通过黏合剂粘合起来的微粒饲料，如车元虾饲料、海草粉、黑粒粉等。一般溞状幼体和糠虾期使用。

四、微囊饲料

微囊饲料颗粒外包被胶囊，悬浮性好，不易污染水质。

① B.P 类微胶囊饲料，营养成分含量为粗蛋白 42% 以上、粗脂肪 34% 以上、粗灰分 7% 以下、粗纤维 1% 以下、钙 4%～5%、磷 3.5%～4%、盐酸不溶物 2% 以下。

② 人工轮虫，同样为微粒胶囊饲料，用于代替轮虫，蛋白质含量高。

③ 高蛋白幼虾饲料，用于代替卤虫。

④ 车元（虾）饲料，人工浮性微粒子饲料，原产自日本，为日本囊对虾育苗专用饲料。我国曾经有进口，用于其他品种对虾的育苗生产，目前国内也有大量生产和应用。一般溞状幼体期、糠虾幼体期和仔虾期使用。

五、蓝藻粉类

是利用天然藻液经浓缩干燥而成，主要有螺旋藻粉和蓝藻粉。藻粉是天然饲料，能补充其他饲料的不足，含优质蛋白质、维生素、矿物质等，且含有丰富的酵素。优质的藻粉制品原料是纯种培养的螺旋藻，其营养成分粗蛋白 64.2%～72.6%，粗脂肪 7.3%，粗纤维 0.60%，粗灰分 4.7%，碳水化合物 12.4%，水分 3.6%。

微囊饲料和藻粉，营养含量较高，价格也比较高。因此，育苗生产中溞状幼体、糠虾幼体、仔虾早期幼体等前期培育使用较多，仔虾后期培育较少使用。

思考题（初级工：1～5 题；中级工、高级工；1～15 题）

1. 投喂生物饵料在对虾育苗生产中对虾苗有什么重要意义？

2. 在对虾育苗生产中有哪些常见的饵料生物？

3. 对虾育苗人工配合饲料有哪些？有何特点和用途？

4. 培养单细胞藻类时需注意哪些事项？

5. 叙述单细胞藻类生产性培养主要措施？

6. 单胞藻的培养中，敌害生物有哪些入侵途径？管理包括哪几个方面？如何预防？

7. 卤虫卵有哪些生物学特性？

8. 影响卤虫卵孵化有哪些主要因子？

9. 如何鉴别卤虫卵质量？

10. 如何对卤虫卵进行预处理？

11. 叙述卤虫卵孵化工序、具体操作与收集方法。

12. 褶皱臂尾轮虫有哪些生态习性？

13. 如何采用单胞藻培养轮虫？

14. 如何应用面包酵母和单胞藻联合培养轮虫？

15. 如何采收褶皱臂尾轮虫？

第八章
对虾育苗期的疾病与防治

[内容提要] 对虾育苗期生物性病害和非生物性病害概述；常见病毒性疾病及病毒性疾病预防的基本措施；常见细菌性和真菌性疾病、敌害，生物性病害和非生物性病害及其防治；疾病防治的综合措施；病害防治常用药物的使用方法；病害防治的社会责任。

[分级要求掌握的内容] 初级工：第一节，一，第二节；中级工：第一节到第三节；高级工：全章。

第一节 对虾育苗常见病害及其防治

一、对虾育苗期病害概述

在对虾育苗生产中通常有病毒、细菌、寄生虫等生物性病原以及重金属损害等诱发的疾病。最常见的是白斑病毒（WSSV）、桃拉病毒（TSV）、传染性皮下及造血组织坏死病毒（IHHNV）、肝胰腺细小病毒（HPV）等引起的病毒病，弧菌引起的菌血病、荧光病，还有丝状细菌病、真菌病，固着类纤

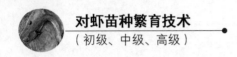

毛虫病，楔形藻病，以及水质环境条件不良引起的黏污病、幼体畸形病和气泡病等。由于幼体期体质弱、抗性差、病程短，因此，幼体期的疾病难以治疗。即使治愈，幼体存活不多，也失去继续培育的价值。因此，幼体期的疾病防治工作更要把预防放在首位。

对虾育苗常见的病害归纳起来有生物性病害和非生物性病害两大类。生物性病害指虾体因感染病毒、细菌、真菌或附生了藻类、寄生虫等生物导致异常的疾病。非生物性病害指对虾因水质环境某些水质指标超标引起的中毒或机械损伤。

二、病毒性疾病及防治措施

1. 病毒性疾病

（1）白斑综合症（简称 WSS）
病原：白斑综合症病毒（WSSV）（图 8.1 和图 8.2）。

图 8.1　种虾白斑病毒病（头胸甲）

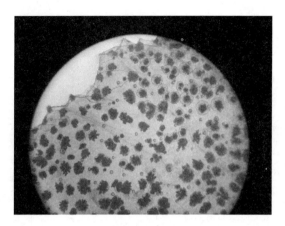

图 8.2　白斑病毒（头胸甲镜检）

　　症状：幼体期的 WSSV 多由携带病毒的亲虾垂直传播。受感染亲虾头胸甲及腹节甲壳有明显的白色或淡黄色斑点，有红体症状。越冬期或繁育期的凡纳滨对虾亲虾，感染 WSSV 可出现爆发性大规模死亡，也可出现长期感染，慢性发病。幼体期可携带 WSSV，处于潜伏期不发病，也有爆发性发病大量死亡。

　　（2）桃拉病综合症（TS）

　　病原：桃拉病毒（TSV）。

　　症状：幼体期的 TSV 多由携带病毒的亲虾垂直传播。受感染亲虾软壳、空肠，尾扇、附肢变红。越冬期或繁育期的凡纳滨对虾亲虾，感染 TSV 可出现爆发性大规模死亡，也可出现潜伏感染，长期慢性发病。感染 TSV 的凡纳滨对虾幼体，仔虾期较易爆发性发病死亡。也可长期携带潜伏，慢性感染。

　　（3）传染性皮下及造血组织坏死病

　　病原：传染性皮下及造血组织坏死病毒（IHHNV）。

　　症状：病虾表皮上皮出现白色斑点，感染 IHHNV 的凡纳滨对虾表现为典型的慢性病，出现额剑弯曲、表皮粗糙，处于慢性消耗状态。感染 IHHNV 的

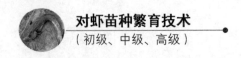
凡纳滨对虾幼体，育苗期可能不会出现大量死亡，但携带 IHHNV 的虾苗养成期生长缓慢、畸形、逐渐死亡，对养成期可能造成更大的经济损失。

（4）肝胰腺细小病毒病

病原：肝胰腺细小病毒（HPV）。

症状：感染幼体肝胰腺白浊，HPV 对幼体的损害比成虾更严重。

2. 病毒病预防基本措施

（1）消除垂直传染源

病毒可以垂直传播，种虾携带病毒降传给仔代，使幼体感染病毒。因此要消除带病毒种虾，育苗生产中选择无携带病毒的种虾，购买无病毒的无节幼体，从源头上消除病毒传染源。

（2）消除水平传染源

某些甲壳类动物是对虾病毒的宿主，防止其进入育苗生产系统。严格水源过滤消毒以及亲虾饵料的消毒、管控。生产过程不同的区域要隔离，用具不要交叉使用，防止用具携带病毒传播感染。

（3）营造良好水质环境

控制育苗密度、水温，掌握适当投饵量和换水量，使用益生菌，营造良好的水质环境，提高幼体的健康水平。

三、细菌性和真菌性疾病及其防治

1. 对虾幼体菌血病

病原：弧菌和气单胞菌。因最常见是弧菌，故也统称为弧菌病。

症状：患病幼体活力差，体表、附肢有污物黏附，但急性感染时体表干净。400 倍显微镜下可见血淋巴中有大量细菌活泼游动。菌血病在育苗期经常发生，急性发病可在 1~2 天内全部死亡。菌血病与水中残饵有关，由于残饵污染水体诱发弧菌大量繁殖。

防治：全池泼洒氯制剂或溴制剂。培养、投喂微藻，单胞藻对弧菌有抑制作用。多换水以减少残饵，经常消毒用具。

2. 丝状细菌病

病原：最常见为毛霉亮发菌（又称发状白丝菌），还有发硫菌。

症状：丝状细菌附着在卵或幼体的体表，一端附着一端游离，不侵入幼体体内，但菌丝之间会黏附污物，影响幼体的游动，如果黏在腮上，将影响呼吸，严重时会引起死亡。越冬亲虾也常罹患丝状细菌病。

防治：控制养殖密度，多换水刺激蜕皮，多投喂轮虫、卤虫等活体饵料，减少残饵污染水质。

3. 荧光病

病原：弧菌。

症状：发病幼体身体发白，黑暗中可见病虾发出荧光。镜检可见体内充满细菌。发病迅速，死亡率极高。

防治：全池泼洒氯制剂或溴制剂。培养和投喂微藻，单胞藻对弧菌有抑制作用。多换水以减少残饵，消毒用具。

4. 真菌病

病原：最常见的是链壶菌科的链壶菌属和离壶菌科的离壶菌属。

症状：链壶菌和离壶菌都可寄生在虾卵和幼体体内，受感染的受精卵和幼体在 24~72 小时内大部分死亡。镜检可见患病或死亡幼体体内长满菌丝，以排放管伸出体外，排放管末端有孢子。

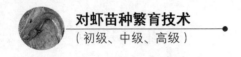

防治：育苗池彻底消毒，水要砂滤，工具要消毒。泼洒氟乐灵 $0.02×10^{-6}$ 有一定效果。

四、敌害生物性疾病及其防治

1. 固着类纤毛虫病

病原：最常见的是聚缩虫、钟形虫（图 8.3）。

症状：纤毛虫附着于幼体体表，不侵入宿主体内，数量少时对幼体没有危害，通过蜕皮可以去除体表附着物。但如果附着数量多，会黏上其他污物，影响虾苗的游动，附着在腮上将堵塞腮丝，影响呼吸。

防治：亲虾用福尔马林 $200×10^{-6}$ 浸泡 2 分钟。池子消毒，减少带入卤虫卵壳。虾苗期附着聚宿虫，可用福尔马林 $（10～20）×10^{-6}$ 泼洒。以换水促进蜕皮。

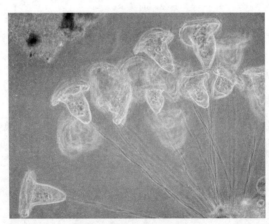

图 8.3　固着类纤毛虫

2. 楔形藻病

病原：一种楔形藻（属于附生硅藻）附着。

症状：卵及各期幼体的体表（以头胸部、尾部最为常见）可见金黄色绒毛状物，镜检可见呈长等腰三角形的楔形藻附着，5~8个单体围成圆盘状，尖端在圆心犹如花朵。楔形藻附着影响幼体游泳和摄食。

防治：严密遮光可以抑制楔形藻的生长。二氧化氯可以杀灭。

五、非生物性疾病及其防治

1. 幼体黏污病

病因：幼体已感染病原，活力下降引起黏污；水环境不适幼体产生应激反应，体表分泌过量黏液产生黏污。具体原因有：无节幼体质量差，体弱，变态后活力差导致挂污；水中原生动物大量繁殖，原生动物的代谢产物毒害无节幼体引起应激反应，体表分泌过量黏液导致挂污；投饵不当，水环境酸化。

症状：患病幼体体表、附肢、刚毛、额角黏着粪便、微藻、残饵等污物，严重时头胸部的颚足、步足，两侧各黏附成片，夸张地下垂，俗称"髯脚病"。单一的黏污只是影响幼体的游泳和摄食，蜕皮即可去除。但黏污往往是水质环境恶化或有病原感染等复杂因素引起的，因此，如果病原没有消除，即便换水或蜕皮可以去除黏污，但蜕皮后污物很快又黏上。

防治：引起黏污病的原因比较多，应找到原因，采取相应措施。

2. 幼体畸形病

病因：受精卵孵化时环境条件激烈变化或污染所致。如水温过高、过低

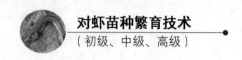

或激烈变化，水中缺氧、重金属离子浓度超标等。

症状：无节幼体不活泼、不趋光，附肢变形，刚毛、尾棘弯曲、萎缩或缺失，变为溞状幼体后腹部也会弯曲。畸形幼体通常在蜕皮时死亡。

防治：孵化水温保持稳定、溶氧充足。使用（5~10）×10^{-6}EDTA 钠盐螯合重金属离子。

3. 气泡病

病因：水中气体过饱和引起。气体溶解度随水温升高而降低，当水中气体已达饱和而水温上升时，就产生气体过饱和。育苗池充气条件下，水温突然上升容易出现气泡病（图 8.4）。

症状：幼体体内组织有气泡，腹部、腮、眼柄上气泡最明显，幼体浮于水面失去平衡，不久死亡。

防治：升温不要太快，发病时加入新鲜水，同时降温。

图 8.4　虾体内的气泡

六、种虾越冬期、繁育期的疾病

种虾越冬期、繁育期处于室内水泥池，水体小、水温高、密度大，且频繁受到各种管理操作的干扰，长期处于应激状态，病毒病（如白斑病毒病、桃拉病毒病）、弧菌病等毁灭性疾病时有发生。越冬期、繁育期种虾要参照对虾生态养殖技术进行科学管理，对感染严重传染性病原的种虾要及时销毁。

第二节　疾病防治的综合措施

一、预防为主的疾病防治原则

对虾生活在水中，影响水环境的因素众多，各种因素交叉作用，目前人类对此认识还相当有限。而育苗期对虾幼体体质弱、抗性差，一旦发病，针对性的治疗非常困难，有效的治疗措施以及治疗的效果都极其有限。因此，育苗生产中防病比治病重要得多、有效得多。

虾病三圆图可以形象地描述虾病的发生条件（图8.5）。三圆分别为健康状况、水质环境和病原，三圆重叠的部分才是发病区域。就是说当对虾健康、水质环境发生异常而又存在病原时，虾病才会发生。因此，避免或减少虾病的办法就是保持对虾良好的健康状态，保持良好的水质环境，截断病原的传播途径。

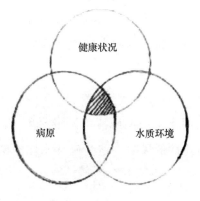

图 8.5　虾病三圆图

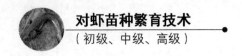

二、疾病防治的综合措施

1. 优选健康的种源

选择优质、健康种虾，选择优质、健康的无节幼体，确保亲本和无节幼体健康不带病原。

2. 营造最佳育苗生态环境

调控育苗最适水温、盐度等水质理化指标；控制育苗密度；选择优质饵料，掌握适当的投饵量；多投喂活体生物饵料，减少残饵污染；适当换水、定期检测水质指标，种虾池每天吸污；多使用各类微生态制剂，增强水体自我调节、净化的功能。

3. 截断病原的入侵和传播途径

加强设备、设施和育苗用水的消毒处理，截断病原的入侵和传播途径。育苗前的准备阶段，育苗池、蓄水池等育苗设施以及生产用具要严格消毒，育苗生产过程要根据不同的情况和需要实行空间上的封闭或隔离。各种用具要每池专用，防止不同池之间、不同车间之间的交叉感染。

4. 禁用、慎用药物

不允许使用禁药（国家禁用渔药清单见附录 2）；不轻易使用杀菌、消毒药物，避免病菌产生耐药性的风险，避免破坏水体的微生态平衡。

5. 规范育苗技术操作

减少应激，避免损伤。保持低照度，不要轻易搬池或者大量换水，维持安静、稳定的环境。日常管理中操作要轻拿轻放，尽量减少种虾、幼体损伤，防止伤口感染。

第三节　常用药物的使用方法

一、疾病预防的抗菌、消毒类药物

1. 漂白粉

漂白粉是氢氧化钙、氯化钙和次氯酸钙的混合物，其主要成分是次氯酸钙，漂白粉是常用的杀菌消毒剂，价格低廉、杀菌力强、消毒效果好，用药后易分解、残留低，有效氯是杀菌、消毒的有效成分，含量为 30%~38%，常用于育苗生产前各种设施、设备的消毒。漂白粉吸湿性强，易受光、热、水等作用而分解失效，使用前需确认是否过期和失效。

2. 二氧化氯

二氧化氯是一种黄绿色到橙黄色的气体，国际上公认为高效、安全、无毒的绿色消毒剂，广谱性杀灭病毒、细菌、真菌、原生生物、藻类等。二氧化氯可用于育苗用水的水源消毒，对细菌性疾病有预防作用，一般预防用药量 $(0.10~0.15)×10^{-6}$。二氧化氯遇热水则分解成次氯酸、氯气、氧气，受光也易分解，其溶液应保存于低温和暗光处。

3. 福尔马林

福尔马林是甲醛含量为 35%~40%（一般是 37%）的甲醛溶液，外观无色透明，有强烈刺激眼膜和呼吸器官的特性，具有防腐、消毒和漂白的功能。

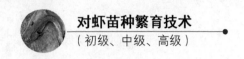
福尔马林能凝固蛋白质，对体外寄生虫与真菌、细菌甚至病毒都有不错的杀灭作用。常用于育苗用水的预处理，$(15\sim20)\times10^{-6}$处理48小时。福尔马林可用于治疗聚缩虫病，育苗池泼洒浓度$(10\sim20)\times10^{-6}$，虫体脱离后注意换水。福尔马林具有腐蚀性，对人体有危害，不可用于保存食物。

4. 聚维铜碘

聚维酮碘溶液为广谱的强力杀菌消毒剂，其作用机制是接触创面或患处后，能解聚释放出碘发挥杀菌作用，对病毒、细菌、真菌及霉菌孢子都有较强的杀灭作用。可预防桃拉、白斑等病毒性疾病，使用浓度$(0.1\sim0.2)\times10^{-6}$。

5. 溴氯海因

溴氯海因，别名菌藻清白色粉末，是一种性能特异的消毒杀菌剂，用于工业水处理，花卉及种子消毒、杀菌，用于养殖业可预防细菌性疾病以及白斑病毒病，使用浓度$(0.1\sim0.2)\times10^{-6}$。

6. 土霉素

土霉素为淡黄色片或糖衣片，属于四环素类的广谱抗菌药物，常用于治疗鱼类弧病菌、脱磷病、烂鳃病、鳗鱼受德化氏病、鳟鱼疮病、鳗赤鳍病等。防治细菌性疾病，水体泼洒浓度2.0×10^{-6}左右。拌饲料以药饵投喂效果更好。

7. 氟苯尼考

氟苯尼考是一种新型的兽医专用氯霉素类广谱抗菌药，包括各种革兰氏阳性、阴性菌和支原体等。氟苯尼考可替代氯霉素（禁药，可引起再生障碍性贫血），用于防治弧菌等细菌性疾病。使用浓度（$1.0 \sim 2.0$）$\times 10^{-6}$。

8. 五倍子（中草药）

五倍子是中药材，有收敛作用，促进血液凝结而止血。有抗菌、抑制病毒作用，干品（$3 \sim 5$）$\times 10^{-6}$，煎熬后以药汤泼洒于育苗池。

9. 大黄（中草药）

药用大黄的干燥根茎，中药大黄具有攻积滞、清湿热、泻火、凉血、祛瘀、解毒等功效。有促进凝血、止血作用，对细菌病和白斑、桃拉病毒病有一定防治效果。干品（$3 \sim 5$）$\times 10^{-6}$，煎熬后药汤泼洒育苗池，还可碾成粉末拌成药饵投喂。

二、水质改良药剂

1. 生石灰

生石灰主要成分为氧化钙，与水反应生成氢氧化钙（熟石灰）同时放出大量的热量，用于酸性废水处理及污泥调质，反应过程有一定杀菌作用。应用于水产养殖可提高水体 pH 值，可促进水中胶体颗粒沉淀。

2. 乙二胺四乙酸二钠

乙二胺四乙酸二钠又称 EDTA 钠盐，是一种良好的配合剂，几乎能与所有的金属离子形成稳定的螯合物。EDTA 钠盐是重金属解毒药、络合剂，降低重金属离子浓度，预防无节幼体畸形。多用于育苗用水的预处理，使用浓度（$5 \sim 10$）$\times 10^{-6}$。

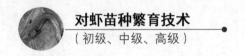

3. 沸石粉

沸石粉是天然的沸石岩磨细而成，颜色为白色。以其多孔的结构可去除水中氨氮，净化水质，缓解转水现象，是水质改良剂，还可作为饲料添加剂。水产养殖中沸石粉可调节 pH 值、增加溶解氧，对氨氮、有机物、重金属离子等有害物质有吸附作用，使用浓度（15～20）×10⁻⁶。

三、益生菌、微生态制剂

益生菌是一类对宿主有益的活性微生物，是定植于动物体内，能产生确切健康功效从而改善宿主微生态平衡、发挥有益作用的活性有益微生物的总称。用单种或多种益生菌生产的微生态制剂对水产养殖动物具有调节体内微生态平衡的作用。水产用微生态制剂产品目前缺少市场规范，产品良莠不齐，应选择有技术实力的单位生产的产品，根据含菌量的多少以及水体的实际情况决定用法和用量。

1. 乳酸杆菌

能抑制肠道中有害微生物的生长繁殖，抑制多种有害细菌，平衡肠道菌群。产生 B 族维生素，分泌有益物质，降低肠道 pH 值，调节免疫功能。

2. 枯草芽孢杆菌

枯草芽孢杆菌代谢产生的抗菌物质——枯草菌素，可抑制、杀灭有害菌。枯草芽孢杆菌平衡动物肠道菌群，提高对钙、磷、铁的吸收能力，刺激动物免疫器官的生长发育，提高群体免疫力。同时净化改良水质。

3. 光合细菌

光合细菌在水产养殖中，代谢过程消耗水中的有害氮源，迅速降低氨氮、硫化氢、有机酸等有害物质，改善水质，预防疾病，还可作为饲料添加剂，在无公害水产养殖中具有巨大的应用价值。

四、生理机能调节药物

维生素 C 是高效抗氧化剂，具有解毒和增强免疫功能、提高抗应激能力的作用。维生素 C 能提高受精率和孵化率，促进生长。可用于治疗坏血病，防治铅、汞、砷中毒。可全池泼洒或拌饵料投喂。

五、国家禁用渔药清单（参见附录2）

第四节　病害防治的社会责任问题

一、养殖安全和食品安全

水域环境生态功能的严重退化、重要病原的传播以及严重疾病的爆发流行，使我国对虾养殖安全面临巨大的挑战。养殖安全和水产品质量安全的威胁主要来自环境污染、劣质品种、劣质饲料、违禁药物使用以及药物残留、疫病等多方面原因。水产种苗从业人员，要自觉承担起保护养殖安全和水产品质量安全的责任。严格控制养殖废水、废物的排放，使用种质优良的亲本培养优质种苗，不用禁药、遵守禁药期的规定，降低虾苗药残，严防重要疫病的传播，不出售携带重要传染性疫病病原和正在发病的虾苗。

二、生物安全

现代生物技术的开发和应用，存在着对生态环境和人体健康的潜在威胁。生物安全一般指生物体经过基因工程改造后对人和生态系统的安全性。对虾

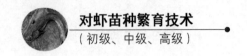
苗业来说，涉及新品种开发、外来品种引进可能带来的新的生物性病原以及品种本身可能对本地生态环境和人体健康产生的不良影响。因此，虾苗业者必须认识和关注生物安全，引进和使用新品种时，要遵守国家的相关法规，对其潜在的安全风险要有充分的认识，并采取必要的预防和控制措施。

三、生态安全

生态安全是指生态系统的健康和系统的完整，是人类在生产、生活和健康等方面不受生态破坏与环境污染等影响的保障程度。健康的生态系统繁育在时间上和空间上能够维持和谐稳定的组织结构和可持续发展的自治功能，具有对胁迫的抵御能力和系统恢复能力。

随着水产养殖业规模的迅速扩大，水域环境生态功能超负荷运行，富营养化的水环境对水域生态造成严重影响，对虾养殖业赖以存在的水域环境生态功能严重退化，导致各种爆发性疾病大规模流行，严重影响对虾养殖业的可持续发展。

虾苗业者必须认识生态安全的重要性，不为短期利益所诱惑，不干损害环境、祸害子孙的傻事，努力做到生态化生产、无害化排放，自觉维护水域环境的生态安全。

思考题（初级工、中级工、高级工：全部）

1. 对虾育苗常见病害有哪两大类？简述病因并分别举例说明。

2. 对虾幼体期发病的特点是什么？

3. 简述虾病三圆图中健康状况、水质环境和病原三者与虾病的关系。

4. 对虾育苗期有哪些常见病毒性疾病？分别说明其病原、症状和防治方法。

5. 对虾育苗期病毒性疾病的系统性预防措施有哪些？

6. 对虾育苗期有哪些常见细菌性疾病？分别说明其病原、症状和防治方法。

7. 对虾育苗期有哪些常见真菌性疾病？分别说明其病原、症状和防治方法。

8. 对虾育苗期有哪些常见敌害生物性疾病？分别说明其病原、症状和防治方法。

9. 对虾育苗期有哪些常见非生物性疾病？分别说明其病原、症状和防治方法。

10. 预防疾病的综合措施主要有哪些？

11. 水体消毒剂有什么作用？列举3~5种常用的水体消毒剂。

12. 使用漂白粉的注意事项？

13. 水质改良剂有什么作用？列举3种常用的水质改良剂。

14. 简述益生菌的作用。

15. 处理虾病过程中业者应有怎样的社会责任？

第九章
对虾育种

[内容提要] 物种、品种、杂交种等基本概念；生物遗传与变异；生物育种及其意义；生物育种方法概述；对虾养殖种质退化成因；对虾育种主要方法；SPF 凡纳滨对虾育种；我国对虾育种进展概况。

[分级要求掌握的内容] 初级工和中级工：第一节；高级工：全部。

第一节 生物育种常识

一、生物物种的基本概念

1. 物种

物种简称"种"，是生物分类学研究的基本单元与核心。物种是一群可以交配并繁衍后代的个体，是互交繁殖的相同生物形成的自然群体，这个群体与其他群体（即便是相似群体）在生殖上相互隔离，即与其他生物不能交配，或交配后产生的杂种不能再繁殖。物种在自然界占据一定的生态位。

2. 原种

原种指取自模式种采集水域或取自其他天然水域的野生水生动植物种，以及用于选育的原始亲体。品种育成单位通过原种生产程序繁殖出的纯度较高、质量较好，而且能进一步供繁殖良种使用的基本种子也是原种。如果从基因的角度来看，原种是一个种群基因的概述，也就是携带的原始基因比较突显的个体。

3. 良种

广义上说，优良品种的优质种子就是良种。就水产动植物来说，这些优良品种的优良性状包括生长快、品质好、抗逆性强、性状稳定，适应一定地区自然条件，并适用于增养殖生产。

4. 品种和品系

品种是同一个种内具有共同来源和特有一致性状的生物群体。品种有地方性自然形成的原始品种和人工培育的育成品种。品种一般具有独特有益的经济性状，能满足人类的某种需要，对一定的自然条件有独特的适应性。成为品种的条件必须是来源相同、性状及适应性相似、遗传性稳定、足够的数量。

品系是指来源于同一对亲本（或共同祖先）形成的群体。品系具有突出的特点和性状、相对稳定的遗传性和一定的个体数量。人工育种过程中首先要建立若干个性状独特的品系，具备优良性状的品系通过鉴定就可以成为品种推广使用。

5. 杂交种

杂交种是指不同品系、不同品种甚至种间或属间个体交配得到具有一定

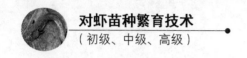

生产性能的群体。杂交种必须通过杂交实验中选择出有优势的杂交配对组合，确认其杂种一代具有某些方面的优势。不经过实验选择的杂交配对则可能产生劣势的杂交种。一般杂交组合多由具有不同优良性状的品系来配制。

二、生物的遗传与变异

生物的亲代能产生与自己相似的子代的现象叫做遗传。遗传物质的基础是脱氧核糖核酸（DNA），亲代将自己的遗传物质 DNA 传递给子代，而遗传的性状和物种具有相对的稳定性。生命之所以能够一代一代地延续，就是由于遗传物质在生物代际之间传承，从而使后代具有与前代相近的性状。

不过，亲代与子代之间、子代的个体之间，不可能完全相同，总是或多或少地存在着差异，这种差异就是变异。遗传是指亲子间的相似性，变异是指亲子间和子代个体间的差异。生物的遗传和变异是通过生殖和发育来实现的。遗传和变异是对立的统一体，遗传使物种得以延续，变异则使物种不断进化。

三、自然选择与人工选择

1. 自然选择

自然选择指生物在生存斗争中适者生存、不适者淘汰的现象和规律。从生物与环境相互作用的角度来看，生物的变异、遗传和自然选择作用能导致生物的适应性改变。

由于遗传变异和个体差异的存在，携带有利变异的个体在生存斗争中处于有利地位，随着个体的存活和繁衍，有利变异得到保存和延续。携带不利变异的个体因其在生存斗争中的劣势，不利变异多数逐渐随个体的消亡而毁灭。自然选择是一个长期、缓慢、连续的过程，通过一代代的生存环境的选择作用，物种变异被定向积累，于是性状逐渐和原来的祖先不同，从而产生新的物种。由于生物所在的环境是多种多样的，生物适应环境的方式也是多种多样的。因此，生物界的自然选择创造出了琳琅满目的物种。自然选择推动物种的不断发展与演化，形成了生物多样性。

2. 人工选择

人工选择是人为选择生物中某些人类需要的变异，并使其得到积累和加强的过程。人工选择是针对特定性状进行育种，使这些性状的表现逐渐强化，而人们不需要的性状则可能逐渐消匿的过程。具体方法是保存具有有利变异的个体，淘汰具有不利变异的个体，以改良生物的性状从而培育生物新品种。

四、生物育种定义

生物育种的定义，概括来说就是培育优良生物的生物学技术。具体点说是应用各种遗传学方法，改造生物的遗传结构，培育出适合人类生产活动需要的品种的过程。由于生物变异的存在，品种育成以后，还要采用科学的繁育方法避免近亲交配和遗传性能衰退，才能保持品种的优良性状及其稳定遗传。

五、育种的意义

生物在人工条件下常常由于种的混杂（种原不纯）、近亲交配（繁殖群体小）以及恶劣环境导致的负向选择（亲本培育环境条件不良）等原因而出现生长速度下降、抗病能力减弱、个体规格变小等种质退化现象，对养殖生物的生产性能产生不利的影响。人工育种的任务就是培育出具有人类需要的优良性状的生物品种，同时克服人工条件下的种质退化，保持品种的优良性状稳定遗传。

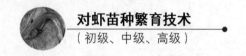

生物育种的历史可追溯到古老先民的生产活动，早期从事农业种植、养殖的人，都在有意无意、或多或少进行着育种的操作和实践。无论是农作物还是养殖动物，即便在最原始的农业生产中，留种时也总是选择最健壮的群体或个体，这就是选择育种。这种最简便实用的传统育种方法至今仍普遍应用于生物育种实践。农业生产活动中直接选种的广泛出现，大大推进了农业文明的发展。国以农为本，农以种为先。种业是农业（包括渔业）基础性产业。种子、种苗是种植业、养殖业的根本。育种对农渔产业优质高效发展和农渔业文明建设具有重大意义，是现代农渔业建设的重要课题。

随着生物科学及其交叉学科的科技进步，人们应用现代生物技术不断探索，以遗传学为理论基础，综合应用生态、生理、生化、病理和生物统计等多种学科知识，建立了多种生物育种方法。

六、生物育种方法

1. 选择育种

通过人工选择培育生物新品种就是选择育种。根据育种目标在现有品种或育种材料内出现的自然变异类型中，经比较鉴定，通过多种选择方法，选优汰劣，选出优良的变异个体，培育新品种。

选择是从自然或人工创造的群体中淘汰不良变异，积累巩固优良变异的有效手段。无论采取何种育种方法和育种材料，都是根据个体的表现型或遗传标记来挑选符合人类需要且适应环境的基因型，使选择的性状稳定遗传。因此，任何育种方法都离不开选择，不断选优去劣是育种过程中不可或缺的重要环节。

生物具有可遗传的变异是选择育种的生物学基础。生物无时不在发生变异并接受自然的选择和淘汰。人类可以施加影响加快变异，并根据人类的需要对有利的变异进行定向的选择和培育，同时淘汰有害的、不需要的变异，达到育种的目的。

2. 杂交育种

杂交育种是通过遗传基础不同的物种（如斑节对虾和长毛对虾）之间，或同一物种的不同品种、品系（如地理种群）之间亲本的交配，制造并发现有益的基因组合，从中选育出符合育种目标的群体或个体。杂交子代，常能够获得两个亲本群体的优势。种间的远缘杂交子代一般不育。

3. 引种和驯化

引种和驯化也是育种的非常重要的手段，直接将其他国家、地区的优良品种引进来，直接利用。通过驯化和适应性培育后进行推广（如凡纳滨对虾），但引种会受到种源国的限制。

4. 分子生物学辅助育种技术

DNA 分子标记：在 DNA 分子水平上反映个体之间或种群之间具有差异性状的 DNA 片段，标记与目的性状连锁。通过标记对目的性状进行间接选择，以筛选抗病、速长种群，识别不同家系或群体。标记可以提前预知选育结果，加快选育进程。

5. 多倍体育种

通常情况下细胞只有 2 个染色体组。多倍体（polyploid）是指体细胞中含有三个或三个以上染色体组的个体。多倍体育种（polyploid breeding）是利用人工诱变（秋水仙素、高温、高压）或自然变异等，通过细胞染色体组加倍获得多倍体育种材料，用以选育符合人们需要的优良品种。

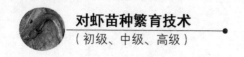

6. 细胞核移植育种

基本方法是在解剖显微镜下，用简单、精巧的移核装置和熟练、精湛的人工技术，把一种动物细胞的细胞核移置到同种动物或异种动物的去核卵内（前者称供体，后者称受体），让受体卵继续分裂和发育。由不同来源的细胞核和细胞质配合而成的移核卵，它的个体会发生遗传变异，就可以培育新品种。核移植本质上也是杂交，但核移植的产生的后代一般具有繁殖能力。

7. 转基因育种

根据育种目标，从供体生物中分离目的基因，经 DNA 重组与遗传转化或直接运载进入受体，经过筛选获得稳定表达的遗传工程体，并经过培育、选择育成转基因新品种。

8. 诱变育种

用人工方法诱导生物基因突变，选择有好的突变的个体进行培育，从而育出新品种。如太空育种，通过卫星、飞船、航天飞机把生物种子或种苗带入太空，在太空失重、辐射环境条件下，使生物发生基因突变。返回陆地后，选择培育有利的突变，培育新品种。

第二节　对虾育种

一、对虾养殖种质退化的困扰

品种使用过程中会发生各种变异，引起变异的因素有人为的和自然的，这些变异有有利的变异和不利的变异。不利的变异往往对品种的生长速度、个体规格、抗病能力和环境适应能力等生产性能产生不利的影响，表现出衰退现象。

1. 养殖条件下品种混杂

品种混杂就是优良品种内具有了其他品种混进来的基因，使品种表现出不应有的性状，降低品种的生产性能。种原不纯，优良品种与不良品种混交，子代的品质就会退化，使品种原来的优良性状逐渐退化甚至消失。

2. 群体遗传瓶颈变异和近亲交配的退化

较小的人工养殖群体，导致遗传漂变。自然环境里，生物群体大、个体多，基因交流广，种质的遗传才能趋于稳定。如果群体小，原有的异质基因容易流失导致退化。没有跟大群体或原始群体发生基因交流，就产生遗传瓶颈作用，遗传多样性水平降低。

养殖群体小，如果没有遗传背景不同的该小群体以外其他个体参与繁殖，子代的亲缘关系将越来越近，必然导致近亲交配。近亲交配可导致杂合体等位基因纯合，使本来处于隐性状态的某些有害基因表现出来，造成品种衰退（品种纯化时可利用近亲交配）。

3. 恶劣环境导致的负向选择

养殖对象受自然条件影响也会发生变异。如果在不良养殖条件下产生自然选择效应，养殖对象将沿着适应恶劣条件的方向变异，以降低生产力（生长速度、抗逆性）来适应恶劣环境（如以低代谢、低生长来适应低溶解氧）。这种变异容易在封闭的群体中扩散、发展并达到一定的频率，从而影响种群的品质。如果反复作用，就会固化，并且遗传。

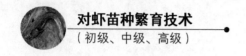

二、对虾育种主要方法

培育新品种，需要多个世代的选择、比较和验证。对虾世代周期短、繁殖力强、人工繁育技术成熟，且对虾的生长、抗病力是高度遗传的，这些特点是开展对虾人工育种的有利条件。

目前，对虾育种同时采用选择育种、杂交育种和分子生物学辅助育种技术（如多倍体育种技术培育中国对虾）。首先，通过检测排除特定病原，以速长、抗逆为目标选择和建立基础群体，在群体中选择个体建立母性家系。然后，通过配合力的计算，以性状互补为原则，以不同群体之间和不同家系之间进行杂交，生产具有杂交优势的良种。而分子生物学辅助育种技术，可以在选育过程中，进行种质分析和种质评价，预测不同群体或家系的性能，从而加快人工育种的进程。

三、美国 SPF 凡纳滨对虾选育实例

美国夏威夷海洋研究所（OI）早在 1985 年就开始研究高健康凡纳滨对虾培育技术。他们收集不同来源的种质构建了丰富的种质资源库。通过建立家系，以病原检测和种质分析进行淘汰和选择，约 10 年时间培育出速长、无特异病原的 SPF 凡纳滨对虾。目前，来自美国的 SPF 种虾主要是迈阿密健康虾养殖公司培育的 SIS 系。

1. 无特定病原（SPF）的基本概念

SPF 为 *Specific Pathogen Free* 的缩写，是无特定病原的意思，指不携带特定的病毒、病菌或寄生虫。特定病原通常包括当前危害性最大的若干种疾病的病原。建立或保存某个动物群体和家系的 SPF 状态，必须将病原控制技术和遗传育种技术紧密结合起来，在无特定病原的前提下筛选其优势性状并进

行严格培育。因此，某一群体在任何时间检测到特定病原，就意味着该群体不具备 SPF 的资格，必须淘汰销毁。

2. 美国 SPF 凡纳滨对虾选育过程

① 从无污染、无虾病发生记录的地区，选择健康幼虾到初级防疫隔离区，培育观察 90 天，在第 1 天、第 45 天和第 90 天时采样检查病原（白斑病毒、桃拉病毒、黄头病毒、杆状病毒、造血组织坏死病毒、肝胰腺细小病毒，以及弧菌、微孢子虫等）。

② 进入二级隔离区培育 6 个月，每月检测病原 1 次。

③ 确定为无病原健康虾后，可进行繁育，培育出的仔虾经检测无特异病原后确定为 SPF 虾苗。

④ SPF 虾苗进入 SPF 对虾培育场养成，成虾后经疫病检测，确定为 SPF 对虾。

⑤ 用 SPF 对虾建立母性家系，以速长为指标进行选择，并继续进行病原检测，确定为 SPF 家系。

在上述检测中，任何群体（家系）在任何时间检测到特定病原，则该群体不具备 SPF 的资格，必须即时销毁。

⑥ 通过配合力测算，选择不同家系的杂交组合，确定雌、雄配对的 SPF 种虾。

3. 重要的技术措施

（1）建立基础群体，保存足够的种质基因

收集不同来源、不同养殖环境，具有不同遗传背景的群体，经过优选作为基础繁育群体。由尽可能多的基础群体形成足够大的基因池，避免在人工条件下累代繁育可能发生的种质退化。

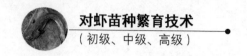

收集不同来源种虾培育的虾苗在相互隔离的养殖池分别养成，每组虾苗养成一个群体，比较不同种原的生产性能（生长速度、存活率等），淘汰生产性能差的群体，保留好的群体成为基础群体。对优选群体中选择优势个体（如体大、健康）进行群体内的自交繁殖，使基础群体得到传代保种。每年根据基础群体的种质变化进行更换和补充。

（2）建立独立的母性家系

在群体选择的基础上，选择优良个体建立独立的母性家系，是选育 SPF 对虾的重要技术措施。母性家系是 SPF 选育操作的最小单元，对于隔离病原、检测携带病原状态和评价优良性状，都是十分有效和必要的。

家系是指出自于同一个母本的子代成员组合单元，它好比人类的家庭单元。一尾经过优选的雌虾经与同样经过优选的雄虾交配后，将其放入一个容器产卵，孵化后的幼体单独培育、养成，就成为 1 个家系。

四、我国对虾育种进展概况

近 10 年来，国内多家研究机构开展了对虾育种研究工作，已有 11 个对虾新品种先后通过了国家水产原种良种审定委员会审定。生产性的育种实践也建立了凡纳滨对虾种质复壮技术工艺模式。

1. 凡纳滨对虾新品种选育

我国凡纳滨对虾育种的基本方法还是选择育种，通过隔离培育、养成，按照速长、抗病、抗逆等要求，连续多世代选择，建立基础群体和家系，以不同群体配种杂交，达到繁育健康虾苗的目的。这个过程利用分子生物学技术，做遗传分析，或以分子标记建立可方便识别的遗传性能特征。目前已有 5 个新品种通过国家水产原种良种审定委员会审定。

科海 1 号：利用本地养殖的南美白对虾不同群体，隔离养殖选择、培育基础亲本群体，在群体选择的基础上，建立家系，以个体规格（生长速度）、繁殖性能、幼体期变态存活率为生产性能指标，经 5 个世代选择，进行中间测试。

中科 1 号：从进口 SPF 群体和国内养殖群体经 2 代群体选育，获得 7 个核心繁育群体。以核心群体为基础，群体选育、家系选育相结合，采取定向交配、嵌套交配和因子交配的家系杂交配种方案进行配种，构建家系杂交组合。选育目标是生长速度和仔虾淡水应激存活率。经 5 代选择形成新品种。

中兴 1 号：从引进亲虾中选择个体注射感染白斑综合症病毒（WSSV），将存活个体配对交配，建立全同胞家系。对家系进行抗病评价，选择抗WSSV 性能最强的家系作为新一代亲本。经 5 代选育获得对 WSSV 抗性强的新品种。

桂海 1 号：用国外引进亲虾作为基础群体，建立种质资源库，经过了连续 6 个世代家系选育，培育出新品种。

壬海 1 号：是由引进的 2 个群体经过 4 代选育，由群体间进行杂交获得优势子代。

2. 其他对虾育种

我国对虾育种工作还开展了中国明对虾、斑节对虾和日本囊对虾的人工育种研究，并已经培育出各自的新品种，通过国家水产原种良种审定委员会审定，如中国对虾"黄海 1 号"、"黄海 2 号"、"黄海 3 号"，斑节对虾"南海 1 号"和日本对虾"闽海 1 号"等。

上述三种对虾在中国都有自然分布，因此建立基础群体时可以利用遗传多样性更为丰富的野生群体，对保持基础群体的遗传多样性更为有利。该三种对虾属闭锁型纳精囊类型，人工交配技术比较成熟，育种操作中可通过人工交配技术实现两个特定雌、雄个体的配对，这有利于建立各种全同胞、半

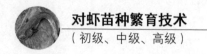

同胞，同父异母或同母异父等不同亲缘关系的家系。该三种对虾除生态习性、繁殖习性和亲本来源不同外，人工育种的方法与凡纳滨对虾育种方法相近。

图 9.1、图 9.2、图 9.3 和图 9.4 分别是目前国内对虾育种研究中常用的家系培育桶、中间培育池、性状对比实验池以及种虾养殖池等对虾育种相关实施。

图 9.1　家系培育桶

图 9.2　家系中间培育池

图 9.3　对虾性状对比实验池

图 9.4　对虾养殖池

3. 凡纳滨对虾生产性种质复壮技术

为快速、大规模提升凡纳滨对虾苗种的种质质量和健康水平，以选择育种为主要手段开展凡纳滨对虾生产性种质复壮技术研究，形成了便于生产应用的凡纳滨对虾种质复壮技术工艺。图 9.5 是凡纳滨对虾种质复壮技术路线图。

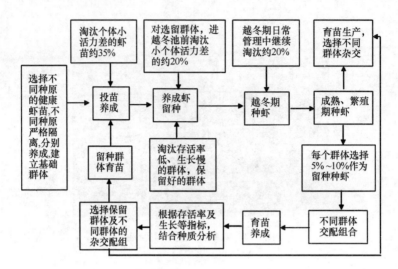

图 9.5　凡纳滨对虾生产性种质复壮技术工艺流程

思考题（初级工和中级工：1~5题；高级工：全部）

1. 生物物种、品种、杂交种的定义是什么？

2. 简述生物的遗传、变异现象和原因。

3. 简述自然选择与人工选择的含义，指出其生物学基础。

4. 什么是生物育种？生物育种的任务是什么？

5. 生物育种有什么意义？

6. 生物育种有哪些主要方法？（列出 5 种以上）

7. 简述选择育种的概念和基本方法。

8. 简述杂交育种的概念和基本方法。

9. 为什么人工养殖条件下容易出现种质退化现象？

10. 简述负向选择的原因和过程。

11. 对虾的哪些生物学特性是开展人工育种的有利条件？

12. 简述 SPF 种虾的概念以及"一代苗"的含义和特点。

13. 简述美国 SPF 凡纳滨对虾的选育过程？了解检测和淘汰的主要环节。

14. 为什么群体之间或家系之间必须严格隔离，不能混杂？

15. 如何建立基础群体和家系？

16. 简述凡纳滨对虾种质复壮技术的工艺流程。

17. 国内有哪些已经审定的对虾新品种？分别简述其选育方法。

第十章
生产经营组织与生产安全管理

[**内容提要**] 对虾育苗场生产经营组织建设；对虾育苗场主要岗位业务职责；生产经营管理记录台账；生产安全管理。

[**本章要求掌握的内容**] 初、中、高级育苗工都要掌握。

第一节　对虾育苗场生产经营组织建设

一、对虾育苗场宗旨和责任

1. 开办宗旨

利用现代水产种业科学技术成果和相关的工业技术设备，工厂化组织生产经营对虾种苗，为对虾养殖产业提供优质、健康的对虾苗种，促进对虾种业、养殖业可持续发展。

2. 企业责任

以人为本，安全生产。合法经营，恪守诚信。科技先导，环保优先。质量第一、客户至上。以保障水产品质量安全、维护生物安全和生态安全为己任，开展对虾种苗生产经营发展水产种业经济。

二、生产经营组织建设

1. 组织模式和运营机制

参照工厂化生产企业组织模式和运营机制，根据水产种苗行业特点和育苗生产规模，合理配置生产经营管理组织结构及岗位。

2. 岗位设置参考

场（厂）长、会计、出纳、技师、技工、电工（持证）、锅炉工（蒸汽锅炉工持证）、生产安全督导员、仓管员及后勤班组长等。

3. 制定规章制度

主要有育苗场管理制度、安全生产管理制度以及各主要生产环节操作规程等。

4. 设立生产记录台账

主要有日常生产记录，渔药、饲料等进出仓记录，虾苗销售记录等。

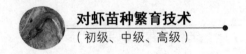
第二节 对虾育苗场主要岗位业务职责

一、技师

① 根据本场生产能力和种苗市场需求，制定育苗生产投资规模、生产计划和配套技术规程及技术措施，提交审定。

② 指导和监管育苗生产实施。

③ 分析、解决生产技术难题，提供技术咨询。

④ 执行生产技术培训。

二、育苗生产技工

1. 初级育苗工

① 掌握初级工必需的知识和技能，获得初级育苗工职业技能鉴定证书。

② 按本级工要求执行生产操作。

③ 掌握各生产环节的要领，通过日常观察能够发现异常情况并协助主管人员处理。

④ 参加业务学习及职业技能培训，提高业务水平。

2. 中级育苗工

① 掌握中级工必需的知识和技能，获得中级育苗工职业技能鉴定证书。

② 按本级工要求执行生产操作，并带班组织生产工作。

③ 较全面掌握各生产环节的要领，通过日常观察和常规镜检幼体，测试水质，能够及时发现问题，并提出合理建议，配合解决问题。

④ 参加业务学习及职业技能培训，提高业务水平。

3. 高级育苗工

① 掌握高级工必需的知识和技能，获得高级育苗工职业技能鉴定证书。

② 协助技术员制定育苗生产投资规模、生产计划和配套技术规程及技术措施。

③ 统筹安排及调度各班组生产工作。示范和督促各项生产操作，做好初、中级工的传、帮、带。

④ 镜检幼体，测试水质，能分析、解决育苗生产中出现的一般技术问题。

⑤ 参加业务学习及技术与管理培训，提高业务水平，晋升技术资格。

三、四大系统管理员

1. 供水系统管理员

① 熟悉供水系统的设施设备，熟练掌握水泵的性能及操作技术。

② 育苗生产之前组织人员全面检查供水系统的设施设备，进行试运行。在育苗生产期间，定期巡查、保养设施设备，发现问题及时维修，确保运转正常。

③ 保证育苗用水的质量和数量，做好储备，满足持续供水。巡查、严防取水源污染；严格按操作规程要求，定期进行蓄水池、砂滤池及其他过滤装置的清污消毒工作；随时注意沉淀池的水色及其悬浮物的动态。

④ 做好育苗用水处理。监测用水的盐度，根据需要调节用水的盐度。

⑤ 育苗生产结束时，包括阶段性（季节）休场，供水系统要排干、清污、清洗。妥善保养和存放设备、部件、工具。

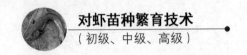

2. 供热系统管理员（一般由锅炉工兼任）

① 熟知锅炉的结构、工作参数、性能、使用方法和一般故障排除等知识。具有实际操作能力。若使用蒸汽锅炉须有持证资格。

② 育苗生产之前组织人员全面检查供热系统设施设备、校正配置的仪器仪表，进行试运行。在供热系统工作期间，要定期巡查、保养设施设备，发现问题及时维修，确保运转正常。

③ 监督各班组工作人员严格按技术规程操作，配合室内育苗工作，保证及时供热。若使用蒸汽锅炉，每班上岗人员，至少有 1 人持有锅炉工上岗证。

④ 妥善处理炉渣，维护环境整洁卫生，并注意防范火灾。

⑤ 锅炉停用时，要做好保养维护，并进行必要的检修和维修；生产规模较大的育苗场，需配置备用锅炉。

3. 供气系统管理员

① 熟知气泵（或鼓风机）的性能、安装、安全操作规程和常规检修知识，具有实际操作能力。

② 育苗生产之前组织人员全面检查供气系统设施设备，进行试运行。在供气系统工作期间，随时注意气泵负载、阀门开关、输气管道密封性等情况，并注意气泵进气口周围空气必须洁净，确保正常供气。

③ 气泵停用时，做好气泵和管道的清洁、维护和保养工作。

4. 供电系统管理员（一般由持证电工兼任）

① 具备电工基础知识，熟练掌握安全用电操作技术，具有实际工作经历，持有电工资格证。

② 掌握本场供电系统设施设备、供电分配线路布局。日常注意巡查、维

护、保养供电系统设施设备和供电线路，做到及时检修排除故障，确保安全供电。

③ 为本场职工举办以安全用电为主题的用电知识、事故防患和应急排险的讲座。

④ 生产结束后，关闭总电源、分路电源。密封各类控制开关，保养维护供电系统设施设备和供电线路。

四、生产安全督导员

① 具有岗位责任感，具备较全面生产安全基本知识。

② 制订本场生产安全管理办法。协助生产班组或生产安全重要单元制定生产安全操作规程、生产安全管理条例等规章制度，并制定相关的安全事故应急预案。

③ 巡查、督导各项事务安全，包括设施设备安全，生产操作安全，药物管理安全，环境场所安全等。

④ 为本场职工举办各项生产安全讲座，强化生产安全宣传教育。

第三节　生产经营管理记录台账

一、目的意义

完善生产经营管理记录台账制度，其目的意义有以下几个方面：促进生产有序进行；督查生产技术措施执行和安全生产操作；提供生产技术分析研究翔实资料，以便进一步改进生产工艺、技术；追查生产技术事故和生产安全事故原因和责任人；汇总生产经营状况，分析生产经营经济效益，为翌年合理制定生产计划提供参考；记载销售对象，以便提供售后服务。

二、生产经营管理记录台账目录与制表

① 亲虾暂养/越冬记录表（表10.1）。

② 对虾育苗记录表（表10.2）。

③ 渔药进出仓记录表（表10.3）。

④ 饲料进出仓记录表（表10.4）。

⑤ 销售记录（表10.5）。

表10.1　亲虾暂养/越冬记录表

场名：　　　　　　车间池号：　　　　　面积：　　　　　　　　　　（第　页）

日期	水温	盐度	pH 值	亲虾数	死亡数	投饵	换水量	用药	记录人

表10.2　对虾育苗记录表

场名：　　　　　　车间池号：　　　　　面积：　　　　　　　　　　（第　页）

日期	水温	盐度	发育期	幼体数	投饵量	换水量	pH 值	用药	记录人

表10.3　渔药进出仓记录表

（第　页）

药物品名规格、厂家	日期	进仓数量	出仓数量	库存量	经手人签字

表 10.4　饲料进出仓记录表

（第　　页）

饲料品名、厂家	日期	进仓数量	出仓数量	库存量	经手人签字

表 10.5　销售记录

（第　　页）

日期	池号	品种	规格	数量	出池水温	出池盐度	销往地	养户姓名、电话	记录人

第四节　生产安全管理

一、生产安全管理制度化建设

1. 制订和执行生产安全管理规章制度

针对各主要生产环节、生产岗位及生产场所等制订相应的安全操作规程、安全生产管理规章制度等，并予严格执行和督查。

2. 制订防灾减灾应对预案

对于突发性自然灾害或生产安全事故，如台风暴潮灾害、地质灾害、火

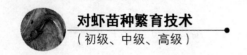
灾等，要事先制订防灾减灾应对预案，并落实准备应对的具体措施。

3. 设立安全生产督导员岗位

挑选责任心强、生产安全意识高、熟悉生产安全管理工作的人担任安全生产督导员，明确岗位职责，督导生产安全事务。较大的生产班组或生产安全重要关口，要指定专人兼任或专任生产安全管理职务，实施责任制管理。

4. 加强生产安全宣传教育

印发《生产安全知识手册》，定期开展生产安全知识宣讲和考核，全面强化生产安全意识。每年至少开展一次防火或其他防灾演习。

二、生产安全重要关口安全管理

1. 锅炉工作安全

严格按照锅炉操作技术规程使用锅炉。锅炉工作期间操作人员不得脱岗，要时刻注意锅炉工作状态，及时发现异常，杜绝潜在隐患。严格防止锅炉爆炸和火灾发生。使用蒸汽锅炉设备的，必须有两个持证锅炉工轮流带班上岗。

2. 用电安全

育苗场用电单位多，用电量大，供电线路复杂，许多用电场所湿度大。要严格用电规范，杜绝漏电、触电、电爆火灾等事故发生，防止造成人身伤害和财产损失。出现异常要及时报告电工处理。

为防止水中电器设备漏电，对潜水泵、电热棒等必须在水中工作的用电设备，一定要断电以后人员才能下水作业。

3. 生产车间安全

亲虾培育车间和育苗生产车间是重要的生产场所，多项安全问题交织，如消毒安全，用电安全，供热安全，生产操作安全，卫生防疫，防盗等。应专门制定安全生产规章，严格执行。

4. 药品管理安全

严格管理和规范使用化学化工药品和渔用药品，制订药品使用管理办法，做好进出仓审批和登记。禁止滥领、滥用药品行为，确保药品管理和使用安全。

5. 取水区水质安全

定期检测取水海区水质，特别注意在天气变化、暴雨、台风暴潮时的水质变化，污染侵袭，赤潮发生，海漂垃圾和潮滩变动等情况，确保育苗取用水安全。

6. 台风暴潮防灾减灾

育苗场通常濒临海边，台风暴潮来临时首当其冲。应制订应对台风暴潮防灾减灾预案，并注意台风暴潮预报，防患未然；再者台风暴潮来临时，海区水质变化剧烈，不能取水，要事先做好生产用水充足的储备。

思考题（初级工：1~10题；中级工：1~14题；高级工：全部 1~19）

1. 初级工的岗位职责是什么？

2. 分别叙述四大系统管理员的岗位职责？

3. 安全督导员的岗位职责是什么？

4. 生产经营管理记录台账有哪些规范的记录表格？

5. 亲虾越冬记录表有哪些记录内容？

6. 对虾育苗记录表有哪些记录内容？

7. 对虾育苗场有哪些重要的生产安全关口？

8. 用电安全应注意哪些事项？

9. 锅炉作业安全应注意哪些事项？

10. 对虾育苗生产车间安全应注意哪些事项？

11. 中级工的岗位职责是什么？

12. 取水区水质安全应注意哪些事项？

13. 开办工厂化对虾育苗场的宗旨是什么？

14. 工厂化对虾育苗场一般需要设置哪些主要工作岗位？

15. 高级工的岗位职责是什么？

16. 对虾育苗技师的岗位职责是什么？

17. 建立记录台账有何目的意义？

18. 生产安全制度化建设有哪些措施？

19. 简述虾苗企业的自身责任和社会责任。

第十一章
育苗场常用仪器介绍和检测检验室建设

[内容提要] 常用仪器的使用维护；育苗场生物和水质检测检验室建设。

[分级要求掌握的内容] 初级工：第一节；中、高级工：第一、二节。

＊ 附件只作为了解阅读，不要求考核。

第一节 常用仪器的使用维护

一、温度计

1. 温度计种类

温度计在育苗生产中测试水温，有普通水银温度计或酒精温度计。

① 水银温度计测量范围 0~50℃，能区分 0.2~0.5℃ 的温差。为防止破损，可自制防护套保护。也可使用海水表面温度计或用其芯自制外套加以保护。

② 酒精温度计测定范围 0~50℃，能区分 0.2~0.5℃，也需增加护套加以保护。酒精温度计不如水银温度，但读数较明显，价格较便宜，普遍采用。

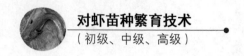
2. 温度计的使用

观察温度计时，温度计要垂直于地面，温度计内的指示液面与观察者的眼在同一水平面上，即平视温度计内的指示液面，读出液面的刻度即为温度值（图 11.1）。

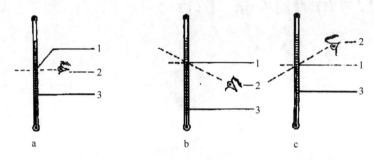

图 11.1　正确观测水温温度计方法

a：正确，b、c：错误（1. 指示液面；2. 观测者眼；3. 水温温度计）

温度计每池设一支，不可窜池使用。测定水温时，将温度计放入水中约 2 分钟后取出，平视指示液面，读出读数。测定后，悬于池旁。

二、比重计和盐度计

育苗生产中用于测试盐度通常使用的是比重计和盐度计。

1. 比重计使用方法

比重计可用于间接测试海水的盐度，使用简便。比重计种类很多，许多育苗场采用尿比重计。

（1）使用操作

首先选用 500 毫升或 1 000 毫升的量筒，灌满待测水样，慢慢放入比重

计。当比重计处于静止悬浮状态且不与量筒壁接触时，平视水面，读出水面
弧切线处的指示数，即为该水样的比重值，如图 11.2 所示。测量完成后，收
起比重计妥善存放。

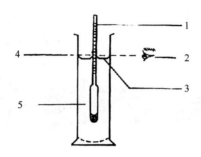

图 11.2　比重计正确读数方法

1. 比重计；2. 观察者眼睛；3. 水样水面；4. 观察面；5. 量筒

（2）比重换算盐度

将测得的比重数值换算成盐度值方法如下：

① 测比重（例如 1.021）的最后两位数（21）乘以 0.3 得 6.3；

② 把所得数 6.3 加到最后两位数的数字上，即 21+6.3＝27.3，即盐度
为 27.3。

比重计使用简便，实用于水产育苗和养殖生产，但获得的盐度有一定误
差，不用于科学实验研究。

2. 光学折射盐度计使用方法

育苗生产中常用光学折射盐度计（图 11.3）。

（1）使用操作

打开盖板、用软布仔细擦净检测棱镜，取待测水样数滴，置于棱镜面上，
轻轻合上盖板，避免气泡产生，使水滴遍布棱镜表面。将仪器进光板对准光
源或明亮处，眼睛通过目镜观察视场，转动目镜调节手轮，至视场的蓝白分

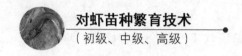

界线清晰，分界线的刻度值即为水样比重。

（2）比重换算盐度可用下列经验公式计算（注：S 盐度，t 水温）

测定时水温高于 17.5℃：$S = 1305$（比重-1）$+0.3$（$t-17.5$）

测定时水温低于 17.5℃：$S = 1305$（比重-1）-0.2（$17.5-t$）

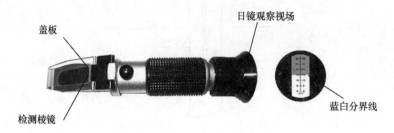

图 11.3　折射盐度计

三、酸度计（pH 值测定）

生产上测定水样的 pH 值，简单的可用精密 pH 值试纸测定，为求更准确数据可使用酸度计测量。

1. pH 值精密试纸测定方法

采用能测出正常海水 pH 值（7.9~8.1）范围内的试纸即可，注意它的密封保存。使用时，取下一片，用水样浸湿后，等待试纸变色再与试纸上的色板对照而得出水样的近似 pH 值数。对虾育苗生产上通常使用这个方法。

2. 酸度计测定（＊不要求考核）

采用酸度计进行仪器测量，可直接从表头上读取 pH 值。

（1）仪器配备

酸度计 1 台（WTW-3210）。

（2）测定步骤（图 11.4）

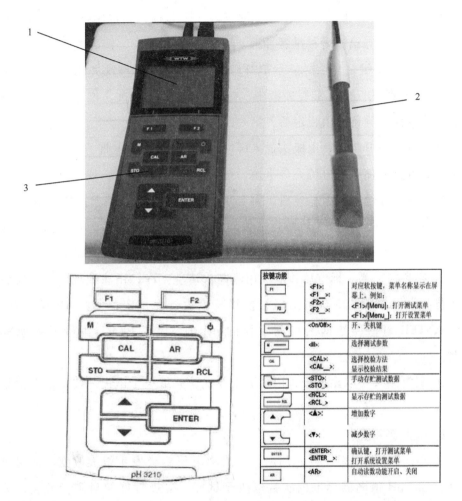

图 11.4　酸度计

1. 显示屏；2. 电极；3. 按键

① 开机预热：按下显示屏的电源键，预热 5～10 分钟。

② 标定：在测试样品前，首先用标准缓冲溶液标定。先用 pH 值为 7 标

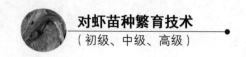

准缓冲液对电极进行定位，再根据待测溶液的酸碱性（如果待测溶液呈酸性，则选用 pH 值为 4 标准缓冲液；如果待测溶液呈碱性，则选用 pH 值为 10.01 标准缓冲液）选择第二种标准缓冲液。

按 CAL 校准键，显示屏显示 BUFFER 1，用蒸馏水清洗并用滤纸吸干电极，插入 pH 值为 7 的标准缓冲液中，按 ENTER 进行校准，仪器自动评估测试值的稳定性，等待数值稳定后，第一次校准完毕，清洗擦干。

显示 BUFFER 2 后，电极头插入缓冲液 pH 值为 10.01 瓶子中，不时旋动盛溶液的容器，使电极电位充分平衡，按 ENTER 进行校准，仪器自动评估测试值的稳定性，等待数值稳定后，第二次校准完毕，清洗擦干；按 M 键退出校准，按 F1 键继续（如果待测样品偏酸性，则需要用 pH 值为 4 的标准液再次校准）。以上 pH 缓冲液随设备配有，用完可向商家购买。

③ 样品的检测：标定后，电极用蒸馏水清洗干净，用滤纸吸干。电极头插入待测水样中，约 3 分钟后轻轻搅拌至读数较为稳定；先按 AR 锁定键，再按 ENTER 键，读数即为待测水样的 pH 值。清洗擦干，继续其他水样检测。

④ 测定结束后取出电极，用蒸馏水冲洗，滤纸吸干电极。按下电源键切断电源。取下电极，放入盒里。

（3）注意事项

① pH 值电极使用一段时间后，不对称电位将会发生很大改变，故必须定期校准。pH 值电极标准的次数取决于试样，电极性能及对测量的精度要求。高精度测量（pH 值 $\leq \pm 0.03$），应及时校准；一般精度测量（pH 值 $\leq \pm 0.1$），经过一次校准后可连续使用二周甚至更长时间。只要测量显示 pH 值是正确的就完全没有必要频繁对电极进行校正。

② pH 值电极经一段时间使用后，会产生钝化，表现为：灵敏度降低、测量精度变差。这时，需要用 0.1 摩尔每升盐酸溶液浸泡 24 小时，然后再用

3摩尔/升氯化钾溶液浸泡12小时，使其恢复性能。

③ 使用前，检查玻璃电极前端的球泡。正常情况下，电极应该透明而无裂纹；球泡内要充满溶液，不能有气泡存在。

④ 清洗电极后，不要用滤纸擦拭玻璃膜，而应用滤纸吸干，避免损坏玻璃薄膜、防止交叉污染，影响测量精度。

⑤ 测量浓度较大的溶液时，尽量缩短测量时间，用后仔细清洗，防止被测液黏附在电极上而污染电极。

⑥ 电极不用时，可充分浸泡3摩尔每升氯化钾溶液中。切忌用洗涤液或其他吸水性试剂浸洗。

四、天平

天平按其精度有药物天平、分析天平。按读数方式分有机械天平和电子天平。育苗场用于饵料、药物称量常用的普通天平（也称台秤）是托盘天平和电子天平。

1. 托盘天平

（1）托盘天平结构

托盘天平的结构如图11.5所示，并配备砝码标准套件。天平的准确性由砝码决定，其次由两边是否对称决定。而精度即灵敏度，是由刀口的制作工艺决定的。

（2）托盘天平使用操作

① 平衡校准调节：将天平放在平台上，将游码移到标尺的零刻度处，调节天平两边的螺母使横梁平衡，至指针在刻度板中央。

② 称量：将称量的物体放在左托盘中，然后在右托盘上增减砝码，使指针接近刻度板中央，再调节游码，至指针在刻度板正中。

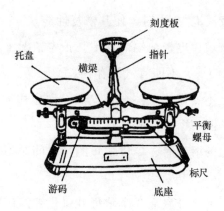

图 11.5　托盘天平的结构

③ 质量读取：将所使用的砝码数值加上游码指向刻度的数值，就是所称的物体的质量（俗称重量）。

（3）使用注意事项

① 称量物置放左盘，砝码置放右盘。

② 轻移游码保护标尺刀口。不用时将一边的托盘叠加到另一托盘上，以固定住天平横梁。

③ 保护砝码，避免污渍腐蚀使砝码失准。操作时用镊子夹持砝码，不可手抓。

④ 随时保持天平清洁、干燥，避免生锈腐蚀。

2. 电子天平

电子天平比托盘天平袖珍精致，使用更加简便，目前已普及使用。

（1）电子天平结构（图 11.6）

（2）电子天平使用操作

① 平衡调节：将天平放置平台上，调节天平底部的旋钮（一般有 2~3 个可调旋钮），至观察到底部玻璃圆盘中的气泡位于中央，即达到平衡。

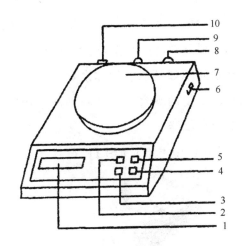

图 11.6　电子天平结构

1. 显示窗；2. 单位转换键；3. 校正键；4. 去皮键（T）；5. 计数健（N）；6. 开关；

7. 秤盘；8. 电源泉插座；9. 保险丝座；10. 数据输出口

②归零操作：接通电源，观察显示窗，进行归零操作。电子天平自动化程度较高，一般都有 CAL 键，只要按下就会自动校准，指针归 0。

③称量及质量读取：将称量样品放在天平的托盘上，此时显示窗的数值就是物体的质量（俗称重量）。若称量潮湿的样品，需另加托钵装盛。此时应先放置托钵进行归零操作，再放入样品称量、读数。

（3）使用注意事项

①称量前须做平衡归零操作。

②操作台保持干燥，防止漏电现象发生。

③随时保持天平清洁、干燥，避免腐蚀。

五、显微镜

显微镜可分为光学显微镜和非光学显微镜。非光学显微镜指电子显微镜

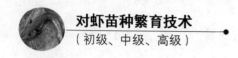

和超声波显微镜，多为科学研究使用。光学显微镜按镜体结构区分，有正置显微镜、倒置显微镜和体视显微镜（解剖镜）三种类型。

育苗生产中许多技术问题如胚胎、幼体发育，饵料生物繁殖，病害防治等，必须借助显微镜和解剖镜的观察、分析和判断。普通显微镜和解剖镜是一般育苗场必不可少的使用仪器。

（一）显微镜（正置显微镜类型）（图 11.7）

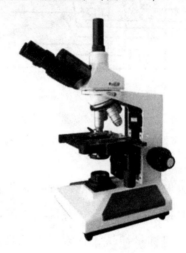

图 11.7　双目显微镜

1. 显微镜结构（图 11.8）

显微镜的构造可以分为光学系统和机械装置。

（1）显微镜的机械装置

主要有镜臂、载物台、镜筒、接物转换器和调集装置等。

① 镜座和镜臂：镜座是显微镜的底座，处于显微镜的最低端，起支撑整个显微镜的作用。有的显微镜镜座内装有光源和聚光镜。镜臂为显微镜中部，作用是支撑镜筒，有的是固定于镜座上，有的可以向后方倾斜并支撑载物台、

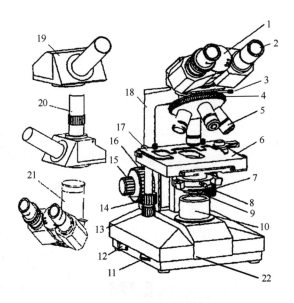

图 11.8　显微镜结构

1. 目头；2. 目镜；3. 镜筒固紧螺钉；4. 转换器；5. 物镜；6. 载物台；7. 聚光镜升降手轮；8. 聚光镜固紧螺钉；9. 聚光镜（带孔径光阑）；10. 下聚光镜；11. 亮度旋钮；12. 电源开关；13. 横向移动手轮；14. 纵向移动手轮；15. 微动调焦旋钮；16. 粗动调焦旋钮；17. 标本片夹持器；18. 镜臂；19. 单目头（镜筒）；20. 双人示教头（镜筒）；21. 三目头（镜筒）；22. 镜座

聚光器和调焦装置。

　　② 载物台：镜臂下部有一个方形或圆形的平台，其作用是安放载玻片或标本。载物台中心有一圆孔，可以通过光线。通光孔后方左右两侧各有一个压片夹，用以固定玻片标本。载物台分为固定式和移动式两种。

　　③ 镜筒：位于显微镜整个结构的最上部分，附于镜臂上端，为金属制成的圆筒，上端放置目镜，下端连接物镜。镜筒有单筒和双筒两种。目镜可以从镜筒内抽出，目镜有高倍、低倍之分。

　　④ 物镜转换器：为镜筒下端可旋转的圆盘，下面附有 3~4 个按放大倍数高低排列的物镜，根据需要，物镜可以通过转换器被推到正确的使用位置。

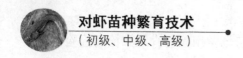
⑤ 调焦装置：用于调焦的有两个按钮，大的叫粗调螺旋，小的叫微调螺旋，前者用于低倍镜调焦，后者用于高倍镜调焦。

（2）显微镜的光学系统

主要包括物镜、目镜、反射镜和聚光镜。

① 物镜。位于物镜转换器上，靠近要观察的物体（标本）。根据使用条件的不同分为干燥物镜和浸液物镜（水浸物镜、油浸物镜），放大倍数 10~100 倍。

② 目镜。于镜筒上端，靠近观察者的眼睛。放大倍数 7~16 倍。

③ 聚光器。位于载物平台的下方的聚光器支架上。主要由聚光镜和可变光阑组成。聚光镜能聚集光线照明标本，可变光阑（光圈）可调节进入聚光器光线的强弱。

④ 反射镜。位于聚光器下方，可将光线反射至聚光器，其一面是平面（光线强时使用），另一面是凹面（光线弱时使用）。

（3）其他附用设备

在实际应用中，与显微镜相配套的用具还有滤光片、载玻片、盖玻片。

2. 显微镜使用方法

① 根据待观察的标本大小，正确选择目镜、物镜的倍数；物镜要卡在工作位置（调整时通常会听到"咔"一声）；

② 根据观察者瞳距调整两目镜间距离（单目镜不需要此操作），同时做对光调节；

③ 制作标本观察玻片，将其固定在载物台上，调节载物台，目视观察，使标本对准物镜；

④ 旋粗动调焦旋钮，使物镜下降，侧视到接近观察玻片；

⑤ 在目镜观察中调节光线（用自然光的调整反光镜角度、用电源的调节控光调节器，如果带有聚光镜升降手轮的调整手轮），直至达到视线清晰、舒

适的效果；

⑥ 用微动调焦旋钮，缓慢地向上调焦，直到能看到观察物介质；

⑦ 调节纵、横向移动手轮，同时上下调节微动调焦旋钮，直至找到目标物（如果连接电脑，上述操作效果均可在电脑中得以观察），直至得到最清晰图像。做观察记录或电脑保存观察资料；

⑧ 观察完毕后，切断光路电源，撤去载玻片，擦拭镜体，部件复原，并保养目镜和物镜。

3. 临时制片观察

（1）水浸片制作取待检样品

如受精卵、早期幼体、鳃丝、溃疡组织、体表附着物、污物小絮团等，置于载玻片上，加一滴清洁海水，用镊子将样品分散，切忌样品过多相互重叠。用镊子夹取盖玻片的一侧，使另一侧斜触载玻片形成锐角，再慢慢放下盖玻片，以免把空气封入被观察的样品中，如图11.9所示。封好后置于显微镜下观察。

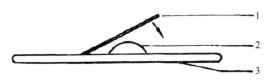

图11.9　水浸片制作示意图

1. 盖玻片；2. 样品；3. 载破片

在镜检水样时，也可用此法。但往往水中的原生动物因游动过快而难以观察，可于封好的盖玻片一侧滴少许甲醛液或碘液杀死后进行观察。

（2）压片制作

取少许待检样品（柔软性样品）如幼体、肝脏、鳃等放于载玻片上，加盖玻片后用软性物（如橡皮、软木棍等）轻轻触击盖玻片（不要压挤盖玻

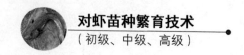
片）使被观察的样品成一近透明的薄层，即可观察，一般不需加水。

（3）涂片制作

用镊子取待观察组织的一部分在载玻片上涂一薄层，加上过滤海水或染色溶液（需要染色的），过3~5分钟，盖上盖玻片后即可观察。

（4）油镜观察

若需要较高放大倍数的样品观察，如病原体、微型藻类等，就要采用油镜观察方法。操作如下：

① 先后用低倍镜和高倍镜找出被观察的目标，并移至视野中央。

② 用粗调节器将镜筒提起2厘米，将油镜转至工作位置。

③ 对准玻片标本中央的镜检目标滴上一滴香柏油（在盖玻片上）。

④ 从侧面注视，微微转动粗调节钮使镜筒慢慢下降至油镜浸在香柏油中，镜头逼近几乎与标本玻片相接。这一操作过程应特别小心，勿使镜头触及玻片造成损坏。

⑤ 目镜观察前需进一步调节明亮光线，再微微转动粗调节钮使镜筒徐徐上升，直至视野出现目标为止，然后改用细调节钮校正焦距，使目标清晰出现。如油镜已离开油面而仍未见物象，必须按前述方法重新操作至目标物像清晰观察到。

⑥ 观察完毕，上升镜筒，先用擦镜纸擦去残留的香柏油，再用二甲苯小心清洗镜头。

⑦ 将各部件还原、收起。

（二）体视显微镜（解剖镜）

1. 体视显微镜结构（图11.10至图11.12）

（1）镜盘

支持和稳定镜体，处于镜体最下端，上有两色的衬盘，可自由翻转。衬盘左右两侧各有一个固定观察物的夹片。

（2）镜柱（臂）

支撑镜体结构，起连接镜盘和镜体作用。

（3）镜筒

有两个，上接目镜。其中一个目镜有放大目镜倍数的旋钮。

（4）镜体

为解剖镜之主体部件，内装光学的放大结构。

（5）放大旋钮

可放大镜体的观察倍数，上标有放大倍数的刻度。

（6）调焦旋钮

调节焦距。

（7）调节镜体高度旋钮

打开可上下移动镜体，旋紧可使镜体固定于某一高度上。

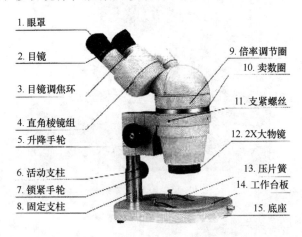

1. 眼罩
2. 目镜
3. 目镜调焦环
4. 直角棱镜组
5. 升降手轮
6. 活动支柱
7. 锁紧手轮
8. 固定支柱
9. 倍率调节圈
10. 卖数圈
11. 支紧螺丝
12. 2X大物镜
13. 压片簧
14. 工作台板
15. 底座

图 11.10　带光源体视显微镜拍照图

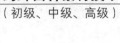

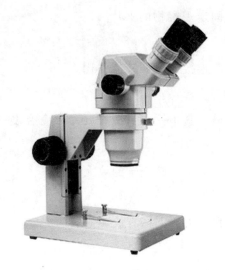

图 11.11　自然光源体视镜图

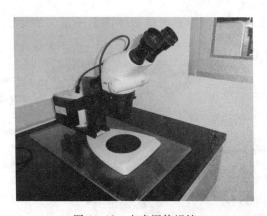

图 11.12　电光源体视镜

2. 体视显微镜使用方法

（1）显微镜

使镜臂向着自己，摆好显微镜。转动粗调焦器，把镜筒向上提起，转动旋转器使低倍物镜推到正确位置，即对准载物台的圆孔。物镜与载物台相聚2厘米左右。两眼睁开，用左眼（可以两眼交换观察）对着目镜向下看。打开光阑，用手转动反光镜，使其正对光源，把光线反射到聚光器内。当视野（即从境内看到的圆形部分）呈现一片均匀的白色即可。

取被观察的载玻片，放到载物台上，使被观察的物体正对光通孔。用夹片固定好。转动粗调，使镜筒下降至低倍物镜距载玻片0.5厘米左右，然后自目镜观察，同时慢慢转动粗调提升镜筒至视野内物象清晰为止，此时为对焦点，再调节光阑到适宜的光强即可。

低倍镜观察完毕可转用高倍镜。首先将要详细观察的部分移到视野中央（在低倍镜下慢慢移动），旋转转换器，把高倍镜移到正确位置，再一边观察一边转动调焦旋钮。一般此时要把光阑放大，增加光强，直到看清物像为止。注意高倍镜下对焦点时，切勿因旋转调焦钮而把载物片压碎，损坏镜头。观察后，必须推转旋转器，把物镜转开，然后取出载玻片，把镜筒旋到最低位置，存放起来。

显微镜的总放大倍数是目镜的放大倍数与物镜的放大倍数的相乘积。目、物镜的放大倍数都在各自镜头上标出。例如：使用5×目镜与10×目镜，则总放大倍数是5×10＝50倍。

（2）解剖镜

使镜柱（臂）向着自己摆好，使物镜正对镜盘中央的衬盘。把放大旋钮调到最低位置，通过目镜观察，首先调整光线，使视野呈现一片均匀白色（移动光源或移动整个解剖镜来调节），再转动调焦旋钮，直到看清衬盘为止。在衬盘上放置被观察的物体（如若此时背景衬不出物像或不清楚时，可使用衬盘的另一面），转动调焦旋钮，直到物像清晰。

放大观察时，在上述基础上，可边调节放大旋钮，边转动调焦旋钮，找到焦点。当镜体高度不足时，可打开镜体固定旋钮，提高镜体，并固定，再

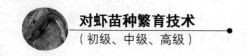
找到焦点。

观察完毕，取下被察物体，放下镜体并使镜体放到最低点，存放好。

放大倍数的计算：用目镜的放大倍数与放大旋钮所指示的倍数相乘即是总放大倍数。

（3）保养

显微镜、解剖镜属于较贵重的精密仪器，所以使用时除要正确操作外，还必须注意以下问题：

搬取，移动时要轻拿轻放。一般用右手抓牢镜臂，左手托镜座，保持站立姿势行走，禁止单手抓着走。

经常保持显微镜、解剖镜的清洁。如金属部分有灰尘，一定要用清洁干净的软布擦。镜头有灰时，必须用特备的擦镜纸轻轻擦去，切勿用手或其他布、纸等擦拭。

育苗工作结束后，显微镜、解剖镜擦拭干净放入箱内，并放入干燥剂（变色硅胶、生石灰），以防受潮，放于平稳处保存。

3. 体视显微镜与显微镜功能比较

① 体视显微镜视场直径大、焦深，便于观察样品的立体层面。

② 体视显微镜放大率不如显微镜，但其工作距离长，便于翻转、解剖实物操作；而且因目镜下方装配棱镜，图像与实物是正对应关系（在显微镜则是反对应的），便于观察分析。

③ 目前的体视显微镜还可选配多种辅助附件，增加使用功能。比如可配装放大倍率更高的目镜和辅助物镜；可通过各种数码接口与数码相机、摄像头、电子目镜和图像分析软件组成数码成像系统并接入计算机进行分析处理。

④ 照明系统有反射光、透射光照明。多种光源有卤素灯、环形灯、荧光灯、冷光源等选择。

体视显微镜的功能特点使它获得广泛应用。

（三）显微镜和体视显微镜（解剖镜）维护及保养

① 显微镜为光学精密仪器，应放置于平稳工作台，并有防尘罩护配件。室内保持通风、干燥。

② 使用时因物镜离载玻片较近，操作要特别小心，切忌物镜触碰盖玻片而损坏镜头。

③ 开启光源应逐渐加大，不宜长时间连续使用光源，避免光源超常发热而烧坏。

④ 显微镜用毕后，应将部件复原，并罩上显微镜罩防尘。注意将物镜转成八字状，以便保护镜头。

⑤ 如果较长时间不使用，要将目镜、物镜取出，用新的擦镜纸沾少许丙酮轻拭，清洁镜片后，存放在干燥器皿中防潮，避免镜头发霉。

第二节　育苗场生物和水质检测检验室建设

对虾育苗场应建设专门的生物和水质检测检验室，以提高对虾育苗技术分析的设施设备水平，推进产学研合作平台的建设。

一、实验室空间配置

实验室面积约 20 平方米，具备光线良好、空气流通、环境场所干燥和无噪音干扰等条件。靠墙的三面或两面建实验工作台，用于仪器设备的安放和检测操作。合理配置水槽，通风橱、药品和玻璃器具柜、空调、除湿机、冰箱、温湿度计、照明、工作电脑和打印机以及消防安全等设施设备。

二、基本仪器设备

具备前述常规仪器设备如温度计、盐度计、酸度计、天平、显微镜、体视显微镜等。根据需要配置数量。

三、育苗场主要开展的水质检测指标

对虾苗种场对育苗水质主要开展溶解氧（O_2）、化学需氧量（COD）、氨-氮、亚硝酸盐氮等以下几个指标的检测。采用标准是《中华人民共和国国家标准》（见附 11.1 育苗场主要开展的水质检测指标测定方法）。

四、提升实验室功能的仪器设备（推荐参考）

根据实验室设计的功能目标装备相应的仪器设备。

1. 电脑数码显微镜（图 11.13）

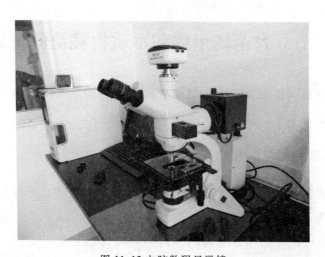

图 11.13 电脑数码显微镜

2. 带操纵杆的数码显微镜（图 11.14 ）

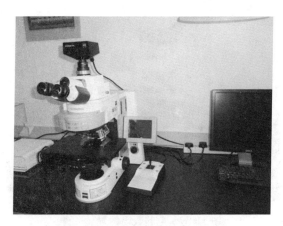

图 11.14　带操纵杆的数码显微镜

3. 简易型和普通型倒置显微镜（图 11.15 和图 11.16）

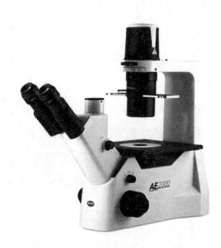

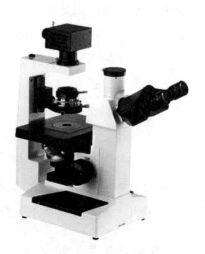

图 11.15　简易型倒置显微镜　　　　图 11.16　普通型倒置显微镜

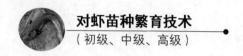
4. 电脑数码型倒置显微镜（图 11.17）

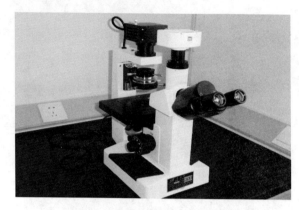

图 11.17　电脑数码倒置显微镜

倒置显微镜的功能特点简介：

倒置镜和常见的正置显微镜不同，其光路的走向与正置显微镜相反，正置显微镜是从上向下对目标物的观察，而倒置显微镜是从下向上对目标物的观察；主要用于细胞胚胎发育、细胞病变等观察；生物的胚胎有动、植两极，胚胎的发育都在动物极发生的；动物极较植物极重，所以动物极处在下方，如果用正置显微镜，则镜头会被细胞瓶或细胞板挡住，无法聚焦，只有用倒置显微镜才能清楚看到细胞发育组织结构。由于倒置显微镜多用于观察细胞，所以一般选用放大倍数低的镜头，如选用 4~5 倍的目镜，10 倍甚至更小的物镜，只有这样才能观察比较大的视野范围，看到细胞组织的宏观情况，否则看到的只是几个细胞，观察不到全局。

5. 数码体视显微镜（图 11.18）

体视显微镜（解剖镜）光学结构原理简介：

体视显微镜可称为实体显微镜或称操作和解剖显微镜，是一种具有正像

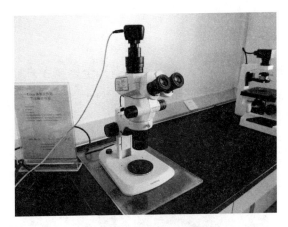

图 11.18　数码体视显微镜

立体感的目视仪器。其光学结构原理是由一个共用的初级物镜，对物体成像后的两个光束被两组中间物镜亦称变焦镜分开，并组成一定的角度称为体视角一般为 12°～15°，再经各自的目镜成像，它的倍率变化是由改变中间镜组之间的距离而获得，利用双通道光路，双目镜筒中的左右两光束不是平行的，而是具有一定的夹角，为左右两眼提供一个具有立体感的图像。它实质上是两个单镜筒显微镜并列放置，两个镜筒的光轴构成相当于人们用双目观察一个物体时所形成的视角，以此形成三维空间的立体视觉图像。

6. PCR 检测仪

PCR 检测仪是分子生物学技术分析的设备之一，主要用于病毒性疾病病原的检测。PCR 检测仪的配套设备有 PCR 扩增仪、电泳仪、紫外观察灯（或者凝胶成像仪）、匀浆器、离心机、微量移液器和吸头、恒温培养箱、冰箱等。检测人员需经过严格专业的培训方可上岗操作。

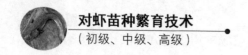

7. 电子分析天平

分析天平灵敏度高，精度大于 0.1 毫克，主要用于称量药剂。分析天平有托盘分析天平和电子分析天平两种，它们都配有密封的盒子（图 11.19）。

图 11.19　托盘电子分析天平

8. 水质综合测试仪

水质综合测示仪可同时测定多项水质参数，精度高、准确度好，性能稳定，数据可靠。主要代表品牌有德国 WTW、美国 YSI、美国 EUREKA、美国哈希和上海雷磁等。它们的使用、维护和保养方法基本一样。

五、美国 YSI 的 EXO 水质测试仪介绍

YSI 的 EXO 便携式水质多参数仪（图 11.20）是一台用于监测水质数据的仪器。主机通过最多可以安装 6 只的传感器和内置的压力传感器来获取水质参数数据。每个传感器通过多种的电化学、光学或物理检测手段来测量各自的参数。每个传感器接口可以连接任一 EXO 的传感器并可以自动识别其类

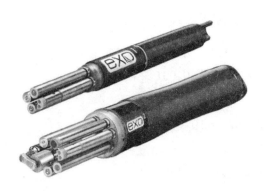

图 11. 20　　EXO 型多参数仪

型。EXO 可以获取数据并按照客户的设置来将其存储在主机上、将数据传输到数据采集平台（DCP）、或将数据通过电缆、USB 连接或蓝牙直接传输到用户的 PC 或 EXO 的手持器上。

　　用户可以通过野外电缆来实现主机和 EXO 手持器、通过蓝牙（Bluetooth ®）无线通信来实现和 PC 或 EXO 手持器、或通过 USB 连接（通过通讯适配器）来实现和 PC 的连接。

　　EXO 型多参数仪可测量多种水质参数：水温、电导率、盐度、pH 值、溶解氧饱和度、溶解氧浓度、氨氮、硝氮、多种水质参数。

1. 以下举例罗列几个常规参数的技术指标

（1）温度

传感器类型：热敏电阻

测量范围：-5~50℃；分辨率：0.001℃

准确度：±0.01℃

（2）电导率

传感器类型：四纯镍电极

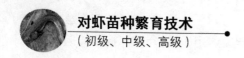

测量范围：0~200 毫秒/厘米（自动量程选择）

分辨率：0.000 1~0.01 毫秒/厘米（视范围）

准确度：±0.5%，读数+0.001 毫秒/厘米

（3）盐度

测量范围：$(0~70) \times 10^{-12}$

分辨率：0.01×10^{-12}

准确度：±1.0%读数或 0.1×10^{-12}

（4）pH

传感器类型：玻璃复合电极

测量范围：0~14；分辨率：0.01

准确度：±0.1

（5）溶解氧

测量范围：0~50 毫克/升（从空气饱和度、温度和盐度计算而得）

分辨率：0.01 毫克/升

准确度：±0.1 毫克/升（0~20 毫克/升）；±5%（20~50 毫克/升）

（6）硝氮

测量范围：0~200 毫克/升

分辨率：0.001~1 毫克/升，视量程而定

准确度：读数的±10%或 2 毫克/升，以较大者为准

（7）氨氮

测量范围：0~200 毫克/升

分辨率：0.001~1 毫克/升，视量程而定

准确度：读数的±10%或 2 毫克/升，以较大者为准

2. 仪器的校准

仪器使用前，需对仪器进行校准，EXO 便携式多参数仪拥有 KOR-EXO

操作软件，每根传感器自集成记忆芯片，可记忆校准内容，减少了校准频率，延长了使用周期。如下为 KOR-EXO 软件界面（图 11.21）：

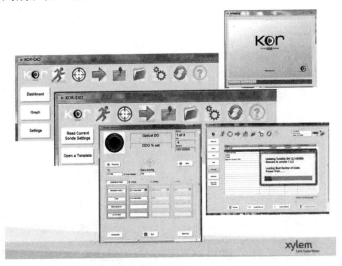

图 11.21　EXO 仪显示界面

校准总则：EXO 的传感器（除温度外）需要定期校准来确保高性能表现。校准的操作流程将遵循基本相同的步骤，只是一些特殊的参数需要轻微的调整。请在温度可控的实验室内进行校准。

为了获得准确的结果，用水彻底冲洗 EXO 的校准杯，然后用少量的准备校准的传感器校准标准液冲洗。倒掉冲洗用的校准液，然后重新在校准杯里注入未用过的标准液。向校准杯中注入标准液，保证传感器浸没在水中即可。请注意避免不同标准液之间的交叉污染。

从安装在 EXO 主机上的清洁干燥的探头开始。在探头外侧装上测量杯，然后将探头浸没在标准液中并在 EXO 主机上拧紧校准杯。我们推荐使用一个测量杯仅用于校准，另外一个测量杯用于现场测量。这会极大地保证校准过程中的洁净和校准的准确。

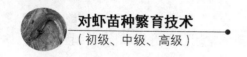
进入 KOR 软件中的校准（Calibrate）菜单。菜单的界面会因主机所安装的传感器不同而有所变化。从列表中选择准备校准的传感器。接下来选择该传感器准备校准的参数。一些传感器仅有一个参数选项，而有些传感器则有多个参数选项。

在接下来的菜单中，选择 1、2 或 3 点校准，这取决于传感器。输入你所使用的标准液的值。检查你所输入的标准液的值是否正确以及单位是否与菜单上部的单位一致（例如微西门子和毫西门子）。您也可以输入有关标准液类型，标准液的制造商和批次编号等可选的信息。

点击开始校准（Start Calibration）按钮。该动作将启动探头在标准液中的校准过程。开始时数据表现得并不稳定然后会变的稳定。点击图形数据（Graph Data）按钮来以图形的形式比较校准前和校准后的数值差异。如果使用者认为误差在可接受的范围内则确认。点击应用（Apply）来接受该校准点。在每个校准点重复该过程。所有的点都校准完成后点击完成（Complete）。一个带有 QC 评分的校准总结会出现。查看、输出和/或打印校准工作表。如果出现校准错误，重复校准操作。

校准结束后都必须用自来水或纯净水冲洗主机和传感器并晾干。

（1）电导率和盐度的校准

在校准前使用所提供的软刷清洁电导率的电导池。该操作过程校准电导率和盐度。

向清洁、干燥并且事先被冲洗过的校准杯中导入一定量的电导率标准液。基于您所在的环境中的盐度情况有很多的标准可供选择。根据您所要测试的环境选择正确的标准液。从稳定性考虑我们推荐您使用大于 1 毫秒/厘米（1 000 的标准液微秒/厘米）。

小心地将主机探头浸入溶液中，确保标准液液位高过电导率传感器的透气孔。轻柔地旋转或上下移动主机来从电解池中清除掉气泡。

在进行下一步操作之前至少隔一分钟让温度平衡。

在校准（Calibrate）菜单，选择电导率（Conductivity）后会出现第二个菜单来提供校准电导率、或盐度的选项。校准任何一个选项都会自动校准另外的参数。选项选择完成后，输入使用的标准液的值。确认所输入的单位正确并与菜单顶部第二个窗口中所显示的一致。点击开始校准（Start Calibration）。观察当前和未定（Current and Pending）数据点下的读数和稳定时的读数（或所显示的数据在大约 40 秒的时间内没有显著的改变）。点击应用（Apply）来接受该校准点。

如果 40 秒钟之后读数依然不稳定，轻柔地旋转或上下移动主机或重新安装主机来从电解池中清除掉气泡。

点击完成（Complete）。查看校准总结界面和 QC 评分。点击退出（Exit）返回传感器校准菜单然后点击后退来返回主校准菜单。

（2）溶解氧校准

将带有传感器的主机放在盛有大约 1/8 英寸高的水的校准杯中，并且空气可以通过旋松的螺纹与外界或盛有水的容器流通并由水族箱的泵和气石（air stone）连续向水中注入空气。在进行下一步操作之前等待大约 10 分钟让温度和氧气压力达到平衡。

在校准（Calibrate）菜单中，选择 ODO，然后选择 ODO %，以 ODO %的形式校准会自动校准 ODO 毫克/升。

点击 1 点（1 Point）作为校准点数，输入标准值（饱和空气）。

点击开始校准（*Start Calibration*），观察 *Current and Pending* 数据点下的数据读数，当数据稳定（或数据显示没有显著变化大约 40 秒）后，点击应用（Apply）来接受这一校准点，点击完成（Complete）。查看校准总结界面和 QC 评分，点击退出（Exit）返回传感器校准菜单，然后点击后退按钮返回主校准（Calibrate）菜单。

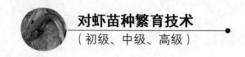

（3）pH 值校准

2 点校准：大多数环境的水的 pH 值介于 7 和 10 之间。因此，除非您预见到您所要测量的环境的 pH 值小于 7，我们推荐您使用 pH 值为 7 和 pH 值为 10 的缓冲液。

将正确数量的 pH 值为 7 缓冲液/标准液倒入一个清洁干燥或事先冲洗过的校准杯中，小心地将主机末端的探头浸没在溶液当中，确保玻璃泡浸入溶液下至少 1 cm，在进行下一步操作之前至少等待 1 分钟以使温度平衡。

在校准（Calibrate）菜单下，选择 pH ，点击 2 Point 作为校准点数。输入 7 作为第一个标准液的值，输入 10 作为第二个标准液的值。

观察标准值上的温度读数，所有缓冲液实际的 pH 值都会随着温度的变化而变化。为了获得最好的精度，输入瓶子标签上对应当前的温度值。例如某一生产商的 pH 值为 7 缓冲液在 25℃时是 7.00，在 20℃时是 7.02。

如果没有安装温度传感器，使用者可以输入温度值来手动更新温度。

点击开始校准（Sart Calibration）。观察 Current and Pending 数据点下的数据读数并当数据稳定（或数据显示没有显著变化大约 40 秒）后，点击应用（Apply）来接受这一校准点。同样的方法校准另一点，点击应用（Apply）来接受这一校准点（在读数稳定过程中最好不要碰主机）。点击完成（Complete），查看校准总结界面和 QC 评分。点击退出（Exit）返回传感器校准菜单，然后点击后退按钮返回主校准（Calibrate）菜单。

3 点校准：选择 3 点校准选项来校准主机需要 3 种校准液。在这个操作中，pH 值传感器使用 pH 值为 7 和另外两种缓冲液。将要测量的对象的 pH 值无法预测时，3 点校准可以确保最大的精确度。除了软件会提醒您进行第三个 pH 值缓冲液的校准来完成全部校准过程外，它的校准过程与两点校准的操作过程相同。

（4）铵盐和硝酸盐校准

除了校准溶液中的试剂不一样外，对于铵盐（NH_4^+）和硝酸盐（NO_3^-）的校准步骤和 pH 值是一样的。不管是铵基-氮 [ammonium-nitrogen（NH_4-N）] 还是硝基-氮 [nitrate-nitrogen（NO_3-N）]，建议的校准溶液浓度都是 1 和 100 毫克/升。

注意：下列各项步骤需要一份高浓度的校准溶液和两份低浓度校准溶液。高浓度溶液和两份低浓度溶液中的一份，必须是室温。在开始程序前，另一份低浓度的溶液要求降温到低于 10℃。

将适当量的 100 毫克/升标准溶液倒进一干净、干燥的或预先冲洗过的移液杯中，小心地将探头的尾端浸没到溶液中。在着手进行下一步之前，为使温度平衡至少静置 1 分钟。

从 Calibrate 菜单，输入标准液的浓度值，步骤参考 pH 值。

在完成第一个校准点后，按照屏幕提示继续进行下面的步骤。用水冲洗多参数仪主机，并且在下个步骤着手进行之前擦干多参数仪主机。

将适当量的 1 毫克/升铵或硝酸盐标准溶液倒进一干净、干燥的或预先冲洗过的移液杯中，小心地将探头的尾端浸没到溶液中。在着手进行下一步之前，为使温度平衡至少静置 1 分钟。输入标准溶液的浓度数值。

在第二个校准值完成后，将适当量的冷冻的 1 毫克/升标准溶液（对于氯离子是 10 毫克/升）倒进一干净、干燥的或预先冲洗过的移液杯中，小心地将探头的尾端浸没到溶液中。在着手进行下一步之前，为使温度平衡至少静置 5 分钟。

输入标准溶液的浓度数值。

在第三个校准值完成后，退回到 Calibrate 菜单。

为了下面的使用，彻底地冲洗并且擦干校准杯。

校准小提示：在 pH 校准后进行 NH_4^+ 和 NO_3^- 探头校准时，应避免漂移带

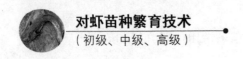

来的误差，对于铵盐（NH_4^+）和硝酸盐（NO_3^-）探头，暴露在高离子强度的 pH 缓冲液中会引起暂时但是很明显的飘移。因此，当校正 pH 探头的时候，我们推荐您使用下列各项方法之一将后面的读数误差减少到最小。

首先校正 pH，将所有的探头浸入 pH 缓冲液中。在校正 pH 之后，将探头放置在 100 毫克/升硝酸盐或铵盐标准溶液中并监视读数。通常，读数很低，并且可能要 30 分钟才能到达稳定的值。当到达稳定值时，进行校准。

3. 仪器的使用

EXO 便携式多参数仪在采样使用时操作非常简单，采用开机出数的模式，开机后仪器自动采样并输出实时数据，使用者仅需进行手工记录或仪器保存数据即可。

EXO 便携式多参数仪主要用于现场快速测量（图 11.22 和图 11.23）：人工水质剖面测量、水质连续监测、地下水检测、实验室水质分析及水质综合观测等。

图 11.22　水质测量准备

图 11.23   正在测量水质

4. 仪器的维护

和所有的精密仪器一样，得到使用者正确维护的 EXO 主机，会以最可靠的状态投入工作。正确的检查和清洁可以防止很多问题，包括泄漏。每台主机都会提供一套维护工具，包括正确的润滑剂和更换用的 O 形圈。

（1）检查和维护 O 形圈

用户可维护的 O 形圈位于 EXO 主机的电池仓。每次 O 形圈可以看到时都应对其进行彻底的外观检查。仔细地检查 O 形圈的接触面上是否有沙粒、头发等存在。使用无纺布清除掉污染物。在不将 O 形圈取出的情况下在 O 形圈上轻轻地涂上一层油脂。

（2）更换 O 形圈

如果以上的检查发现了 O 形圈损坏（开裂，裂缝或变形）则需要更换。更换时须先使用无纺布和酒精清洁凹槽，将 O 形圈在涂上一层油脂的拇指和

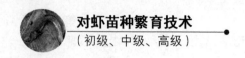
食指之间拖动为 O 形圈涂上一层油，再将 O 形圈放在凹槽当中。请注意，不要滚动或扭曲 O 形圈，并在接触面上涂上一层油；检查 O 形圈是否被污染。

（3）检查、清洁和润滑接口

检查每个接口是否存在污染（沙粒、头发等）。一旦发现污染物的存在，须立即使用压缩空气吹扫清除。当接口的橡胶干燥，在插入传感器之前轻轻地在接口涂上一层油脂。

上述为较详细的维护方法，日常使用中，仪器使用结束后，用清水进行清洗，然后将测量杯中放少许水，使传感器处于一个湿润的环境中保存即可。

5. 仪器的数据储存

正确地储存有助于主机正常工作，保持主机处于最好的工作状态，储存分为"长期储存"和"短期储存"。长期是指经过长时间处于不使用的状态（整个冬季，在监测季节结束时，等等）；短期是指主机处于正常的定期使用的间歇期（天，周，两周，等等）。

对于短期储存，使用者应保持传感器湿润，但不要浸在水中，因为浸没在水中会造成传感器漂移。使用者应为传感器制造一个湿饱和空气的环境（100%湿度）。在校准杯底部中注入大约0.5英寸（1厘米）的常温水（去离子水、蒸馏水、自来水或环境中的水均可），然后将装有全部传感器的主机插入到校准杯中并拧紧以防止蒸发。使用者同样也可以使用一块湿润的海绵来制造一个潮湿的环境，但主机应该保存在干燥的空气中，确保没有使用的传感器接口正确地使用堵头保护。为了保护电缆接头不受潮，可以将电缆连接到接头上，也可以安装接头保护罩。

对于长期保存可将传感器拆下封装保存。所有的接口应插上堵头，并按照上述短期主机保存的指南来保存主机。

附 11-1　育苗场主要开展的水质检测指标测定方法

对虾苗种场对育苗水质主要开展溶解氧（O_2）、化学需氧量（COD）、氨—氮、亚硝酸盐氮等以下几个指标的检测。水质检测采用标准是《中华人民共和国国家标准》（GB 17378.4-2007，海洋监测规范，第四部分：海水分析）。相关检测标准摘要如下（编号与标准对应中英文对照及单位换算详见附录3）：

31　溶解氧——碘量法

31.1　适用范围和应用领域

本办法适用于大洋和近岸海水及河水、河口水溶解氧的测定。

本办法为仲裁方法。

31.2　方法原理

水样中溶解氧与氯化锰和氢氧化钠反应，生成高价锰棕色沉淀。加酸溶解后，在碘离子存在下即释出与溶解氧含量相当的游离碘，然后用硫代硫酸钠标准溶液滴定游离碘，换算溶解氧含量。

31.3　试剂及其配制

31.3.1　氯化锰溶液：称取 210 g 氯化锰（$MnCl_2 \cdot 4H_2O$），溶于水，并稀释至 500 mL。

31.3.2　碱性碘化钾溶液：称取 250 g 氢氧化钠（NaOH），搅拌使其溶于 250 mL 水中，冷却后，加 75 g 碘化钾（见 31.3.6），稀释至 500 mL，盛于具橡皮塞的棕色试剂瓶中。

31.3.3　硫酸溶液（1+1）：在搅拌下，将同体积浓硫酸（H_2SO_4，ρ = 1.84 g/mL）小心地加到同体积的水中，混匀。盛于试剂瓶中。

31.3.4　硫代硫酸钠溶液 [c（$Na_2S_2O_3 \cdot 5H_2O$）= 0.01 mol/L]：配制及标定见 32.3.4。

31.3.5　淀粉溶液（5 g/L）：配制见 32.3.6。

31.3.6 碘化钾（KI）：化学纯。

31.3.7 碘酸钾标准溶液 [c（$1/6KIO_3$）= 0.010 0 mol/L]：称取 3.567 g碘酸钾：（KIO_3，优级纯，预先在 120℃烘 2 h，置于硅胶干燥器中冷却），溶于水中，全量移入 1 000 mL 量瓶中，加水至标线，混匀。置于冷暗处，有效期为一个月。使用时量取 10.00 mL 加水稀释至 100 mL。

31.4 仪器及设备

仪器和设备如下：

——样瓶：容积 125 mL，棕色磨口玻璃瓶，瓶塞为锥形，磨口要严密，容积须经校正；

——玻璃管：直径 5~6 mm，长 12 cm；

——乳胶管：直径同玻璃管，长 20~30 cm；

——溶解氧滴定管：容量 25 mL，分刻度 0.05 mL；

——电磁搅拌器：转速可调至（150~400）r/min；

——玻璃磁转子：直径约 3 mn~5 mn，长 25 mm；

——锥形烧瓶：容量 250 mL；

——碘量瓶：容量 250 mL；

——量筒：容量 100 mL；

——烧杯：容量 500 mL，1 000 mL；

——双联打气球；

——棕色试剂瓶：容量 500 mL，2 500 mL；

——定量加液器：容量 5 mL；

——移液吸管：容量 20 mL；

——一般实验室常备仪器和设备。

31.5 分析步骤

31.5.1 水样的固定：打开水样瓶塞，立即用定量加液器（管尖插入液面）依序注入 1.0 mL 氯化锰溶液（见 31.3.1）和 1.0 mL 碱性碘化钾溶液（见 31.3.2），塞紧瓶塞（瓶内不准有气泡），按住瓶盖将瓶上下颠倒不少于 20 次。

31.5.2 测定步骤

样品测定按以下步骤进行：

a）水样固定后约 1 h 或沉淀完全后，便可进行滴定；

b）将水样瓶上层清液倒入 250 mL 锥形烧瓶中，立即向水样瓶加入 1.0 mL 硫酸溶液（见 31.3.3），塞紧瓶塞，振荡水样瓶至沉淀全部溶解；

c）将水样瓶内溶液全量倒入锥形烧瓶中，将其置于电磁搅拌器上，立即搅拌，用已标定的硫代硫酸钠溶液（见 31.3.4）滴定；

d）待试液呈淡黄色时，加 1 mL 淀粉溶液（31.3.5），继续滴定至蓝色刚刚退去。用锥形烧瓶中的少量试液荡洗原水样瓶，再将其倒回锥形烧瓶中，继续滴定至无色。待 20 s 后，如试液不呈蓝色，即为终点。将滴定所消耗的硫代硫酸钠溶液体积记入表 A.28 中。

31.5.3 空白试验

取 100 mL 海水，加入 1.0 mL 硫酸溶液（见 31.3.3）、1.0 mL 碱性碘化钾溶液（见 31.3.2）和 1.0 mL 氯化锰溶液（见 31.3.1），混合均匀，放置 10 min，加 1 mL 淀粉溶液（见 31.3.5），混匀。此时若溶液呈现淡蓝色，继续用硫代硫酸钠溶液（见 31.3.4）滴定。若硫代硫酸钠用量超出 0.1 mL，则应核查碘化钾和氯化锰试剂的可靠性并重新配制试剂。如果硫代硫酸钠用量小于或等于 1 mL，或加入淀粉溶液后溶液不呈现淡蓝色，且加入 1 滴碘酸钾标准溶液（见 31.3.7）后，溶液立即呈现蓝色，则试剂空白可以忽略不计。

每批新配制试剂应进行 1 次空白试验。

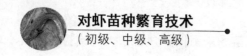
31.6 记录和计算

31.6.1 水样中溶解氧浓度按式（64）计算：

$$\rho o_2 = c \times V \times 8V_0 \times 1\ 000 \qquad (64)$$

式中：

ρo_2——水样中溶解氧浓度，单位为毫克/升（mg/L）；

c——硫代硫酸钠溶液的浓度，单位为摩尔/升（mol/L）；

V——滴定样品时用去的硫代硫代硫酸钠溶液体积，单位为毫升（mL）；

V_0——滴定用的实际水样体积（＝水样瓶的容积−固定水样的固定剂体积），单位为毫升（mL）。

31.6.2 溶解氧饱和度按式（65 计算）：

$$氧的饱和度（\%）= \rho o_2 / \rho o'_2 \times 100 \qquad (65)$$

式中：

ρo_2——测得的含氧量，单位为毫克/升（mg/L）；

$\rho o'_2$——在现场水温、盐度下，氧在海水中的饱和浓度，单位为毫克/升（mg/L）。

31.7 注意事项

本方法执行中应注意如下事项：

——除非另有说明，本方法所用试剂为分析纯，水为蒸馏水或等效纯水；

——溶解氧样品瓶均应进行容积校正：将水样瓶装满蒸馏水，塞上瓶塞，擦干，秤重。

减去干燥的空瓶重量，除以该水温时蒸馏水的密度，测得水样瓶容积。将瓶号及相应的水样瓶容积测量结果记录，备查。

——滴定临近终点，速度不宜太慢，否则终点变色不敏锐。若终点前溶液显紫红色，表示淀粉溶液变质，应重新配制。

——水样中含有氧化性物质可以析出碘产生正干扰，含有还原性物质消耗碘产生负干扰。

32 化学需氧量——碱性高锰酸钾法

32.1 适用范围和应用领域

本法适用于大洋和近岸海水及河水化学需氧量（COD）的测定。

本方法为仲裁方法。

32.2 方法原理

在碱性加热条件下，用已知量并且是过量的高锰酸钾，氧化海水中的需氧物质。然后在硫酸酸性条件下，用碘化还原过量的高锰酸钾和二氧化锰，所生成的游离碘用硫代硫酸钠标准溶液滴定。

32.3 试剂及其配制

32.3.1 氢氧化钠溶液：称取 250 g 氢氧化钠（NaOH），溶于 1 000 mL 水中，盛于聚乙烯瓶中。

32.3.2 硫酸溶液（1+3）：在搅拌下将 1 体积浓硫酸（H_2SO_4，ρ）= 1.84 g/mL）慢慢加入 3 体积水中，趁热滴加高锰酸钾溶液（见 32.3.5），至溶液略呈微红色不褪为止，盛于试剂瓶中。

32.3.3 碘酸钾标准溶液 [c（1/6KIO_3）] = 0.010 0 mol/L：称取 3.567 g 碘酸钾（KIO_3，优级纯，预先在 120℃烘 2 h，置于干燥器中冷却）溶于水中，全量移入 1 000 mL 棕色量瓶中，稀释至标线，混匀。置于阴暗处，有效期 1 个月，此溶液为 0.100 mol/L。使用时稀释 10 倍，即得 0.010 0 mol/L 碘酸钾标准溶液。

32.3.4 硫代硫酸钠标准溶液 [c（$Na_2S_2O_3 \cdot 5H_2O$）= 0.01 mol/L]：称取 25 g 硫代硫酸钠（$Na_2S_2O_3 \cdot 5H_2O$），用刚煮沸冷却的水溶解，加入约 2 g 碳酸钠，移入棕色试剂瓶中，稀释至 10 L，混匀，置于阴凉处。

硫代硫酸钠标准溶液的标定：

移取 10.00 mL 碘酸钾标准溶液（见 32.3.3），沿壁注入碘量瓶中，用少

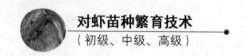

量水冲洗瓶壁，加入 0.5 g 碘化钾（见 32.3.7），沿壁注入 1.0 mL 硫酸溶液（见 32.3.2），塞好瓶塞，轻荡混匀，加少许水封口，在暗处放置 2 min。轻轻旋开瓶塞，沿壁加入 50 mL 水，在不断振摇下，用硫代硫酸钠溶液（见 32.3.4）滴定至溶液呈淡黄色，加入 1 mL 淀粉溶液（见 32.3.6），继续滴定至溶液蓝色刚褪去为止，重复标定，至两次滴定读数差小于 0.05 mL 为止。按式（66）计算其浓度：

$$c = 10.00 \times 0.0100 \, V \eqno(66)$$

式中：

c——硫代硫酸钠标准溶液浓度，单位为摩尔/升（mol/L）；

V——硫代硫酸钠标准溶液体积，单位为毫升（mL）。

32.3.5　高锰酸钾溶液：[c（1/5KMnO$_4$）= 0.01 mol/L]：称取 3.2 g 高锰酸钾（KMnO$_4$），溶于 200 mL 水中，加热煮沸 10 min，冷却，移入棕色试剂瓶中，稀释至 10 L，混匀。放置 7 天左右，用玻璃砂芯漏斗过滤。

32.3.6　淀粉溶液（5 g/L）：称取 1g 可溶性淀粉，用少量水搅成糊状，加入 100 mL 煮沸的水，混匀，继续煮至透明。冷却后加入 1 mL 乙酸，稀释至 200 mL，盛于试剂瓶中。

32.3.7　碘化钾（KI）

32.4　仪器及设备

仪器和设备如下：

——溶解氧滴定管：容量 25 mL；

——定量加液器：容量 5 mL；

——移液管：容量 2 mL、10 mL；

——碘量瓶：容量 250 mL；

——具塞三角烧瓶：容量 250 mL；

——试剂瓶：容量 500 mL、棕色瓶 2 500 mL、10 000 mL、聚乙烯

瓶1 000 mL；

——量筒：容量 100 mL、500 mL、1 000 mL；

——滴瓶：容量 125 mL；

——玻璃砂芯漏斗：G4；

——定时钟或秒表；

——电磁搅拌器：转速可调至 140～150 r/min；

——玻璃磁转子：直径约 3～5 mm，长 25 mm；

——双联打气球；

——圆形电热板：1 000 W；

——一般实验室常备仪器和设备。

32.5　分析步骤

样品测定按以下步骤进行：

a）取 100 mL 水样于 250 mL 锥形瓶中（测平行双样，若有机物含量高，可少取水样，加蒸馏水稀释至 100 mL）。加入 1 mL 氢氧化钠溶液（见 32.3.1）混匀，加 10.00 mL 高锰钾溶液（见 32.3.5），混匀。

b）于电热板上加热至沸，准确煮沸 10 min（从冒出第一个气泡时开始计时）。然后迅速冷却到室温。

c）用定量加液器加入 5 mL 硫酸溶液（32.3.2），加 0.5 g 碘化钾（32.3.7），混匀，在暗处放置 5 min。在不断振摇或电磁搅拌下，用已标定的硫代硫酸钠标准溶液（见 32.3.4）滴定至溶液呈淡黄色，加入 1 mL 淀粉溶液（见 32.3.6），继续滴至蓝色刚褪去为止，记下滴定数 V_1。两平行双样滴定读数相差不超过 0.10 mL。

d）另取 100 mL 重蒸馏水代替水样，按步骤 32.1.5.a）–32.1.5.c）测定分析空白滴定值 V_2。

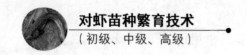

32.6 记录与计算

将滴定管读数（V_1、V_2）记入表 A.29 中。按式（67）计算化学需氧量。

将滴定管读数（V_1、V_2）记入表 A.29 中。按式（67）计算化学需氧量。

$$COD = \frac{c(V_2 - V_1) \times 8.0}{V} \times 1\,000 \tag{67}$$

式中：COD——水样的化学需氧量，单位为毫克/升（mg/L）

c——硫代硫酸钠的浓度，mol/L；

V_2——分析空白值滴定消耗硫代硫酸钠溶液的体积，mL；

V_1——滴定样品时硫代硫酸钠的体积，mL；

V——取水样体积，mL。

32.7 注意事项

本方法执行中应注意如下事项：

——除非另作说明，本方法所用试剂为分析纯，水为蒸馏水或等效纯水；

——水样加热完毕，应冷却至室温，再加入硫酸和碘化钾，否则会因游离碘挥发而造成误差。

——化学需氧量的测定是在一定反应条件试验的结果，是一个相对值，所以测定时应严格控制条件，如试剂的用量、加入试剂的次序、加热时间及加热温度的高低，加热前溶液的总体积等都必须保持一致；

——用于制备碘酸钾标准溶液的纯水和玻璃器皿须经煮沸处理，否则碘酸钾溶液易分解。

36 氨

36.1 靛酚蓝分光光度法

36.1.1 适应范围和应用领域

本法适用于大洋和近岸海水及河口水

本方法为仲裁方法。

36. 1. 2　方法原理

在弱碱性介质中以亚硝酰铁氰化钠为催化剂，氨与苯酚和次氯酸盐反应生成靛酚蓝，在 640 nm 处测定吸光值。

36.1.3　试剂及其配制

36.1.3.1　铵标准贮备溶液（100.0 mg/L-N）；称取 0.4716 g 硫酸铵 $[（NH_4）_2SO_4$，预先在 110℃烘 1 h，至于干燥器中冷却]，溶于少量水中，全量转入 1 000 mL 量瓶中，加水至标线，混匀。加 1 mL 三氯甲烷（$CHCL_3$），振摇混合。贮于棕色试剂瓶中，冰箱内保存。有效期半年。

36.1.3.2　铵标准使用溶液（10.0 mg/L-N）：移取 10.0 mL 铵标准贮备液（见 36.1.3.1）置于 100 mL 量瓶中，加水至标线，混匀。临用时配制。

36.1.3.3　柠檬酸钠溶液（480 g/L）：称取 240 g 柠檬酸钠（$Na_3C_6H_5O_7 \cdot 2H_2O$），溶于 500 mL 水中，加入 20 mL 氢氧化钠溶液（见 36.1.3.4），加入数粒防爆沸石，煮沸除氨直至溶液体积小于 500 mL。冷却后用水稀释至 500 mL。盛于聚乙烯瓶中。此溶液长期稳定。

36.1.3.4　氢氧化钠溶液 $[c（NaOH）= 0. 50 mol/L]$：称取 10.0 g 氢氧化钠（NaOH），溶于 1 000 mL 水中，加热蒸发至 500 mL。盛于聚乙烯瓶中。

36.1.3.5　苯酚溶液：称取 38 g 苯酚（C_6H_5OH）和 400 rng 亚硝酰铁氰化钠 $[Na_2Fe（CN）_5NO \cdot 2H_2O]$，溶于少量水中，稀释至 1 000 mL，混匀。盛于棕色试剂瓶中，冰箱内保存。此溶液可稳定数月。

36.1.3.6　硫代硫酸钠溶液 $[c（Na_2S_2O_3 \cdot 5H_2O）= 0.10 mol/L]$：称取 25. 0 g 硫代硫酸钠（$Na_2S_2O_3 \cdot 5H_2O$），溶于少量水中，稀释至 1 000 mL。加 1g 碳酸钠（Na_2CO_3），混匀。转入棕色试剂瓶中保存。

36.1.3.7　淀粉溶液（5 g/L）：称取 1g 可溶性淀粉，加少量水搅成糊状，加入 100 mL 沸水，搅匀，电炉上煮至透明。取下冷却后加 1 mL 冰醋酸（CH_3COOH），用水稀释至 200 mL。盛于试剂瓶中。

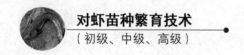

36.1.3.8 次氯酸钠溶液（市售品有效氯含量不少于5.2%）：此溶液使用时按以下方法标定。

加50 mL硫酸溶液（见36.1.3.10）至100 mL锥形瓶中，加入约0.5 g碘化钾（KI），混匀。加1.00 mL次氯酸钠溶液（见36.1.3.8），以硫代硫酸钠溶液（见36.1.3.6）滴定至淡黄色，加入1 mL淀粉溶液（见36.1.3.7），继续滴定至蓝色消失。记下硫代硫酸钠溶液的体积，1.00 mL相当于3.54 mg有效氯。

36.1.3.9 次氯酸钠使用溶液（1.50 mg/mL有效氯）：用氢氧化钠溶液见（36.1.3.4）稀释一定量的次氯酸钠溶液（见36.1.3.8），使其1.00 mL中含1.50 mg有效氯。此溶液盛于聚乙烯瓶中置冰箱内保存，可稳定数周。

36.1.3.10 硫酸溶液〔$c(H_2SO_4,) = 0.5$ mol/L〕：移取28 mL硫酸（$H_2SO_4 \cdot \rho = 1.84$ g/mL）缓慢地倾入水中，并稀释至1 L，混匀。

36.1.3.11 无氨海水：采集氨氮低于。8 μg/L的海水，用0.45 μm滤膜过滤后贮于聚乙烯桶中，每升海水加1 mL三氯甲烷，混合后即可作为无氨海水使用。

36.1.4 仪器及设备

仪器和设备如下：

—分光光度计：5 cm测定池；

—具塞比色管：容量50 mL；

—自动移液管：容量1 mL；

——一般实验室常用仪器和设备。

36.1.5 分析步骤

36.1.5.1 绘制标准曲线

按以下步骤绘制标准曲线：

a）取6个100 mL量瓶，分别加入0 mL、0.30mL、0.60mL、0.90mL、

1.20 mL，1.50 mL 铵标准使用溶液（见36.1.3.2），加无氨海水（见36.1.3.11）至标线，混匀；

b）移取35.0 mL 上述各点溶液，分别置于50 mL 具塞比色管中；

c）各加入1.0 mL、柠檬酸钠溶液（见36.1.3.3），混匀；

d）各加人1.0 mL 苯酚溶液（见36.1.3.5），混匀；

e）各加人1.0 mL 次氯酸钠使用溶液（36.1.3.9），混匀。放置6 h 以上（淡水样品放置3 h 以上）；

f）选640 nm 波长，5 cm 测定池，以水作参比溶剂，测定吸光值 A_i，其中0浓度为 A_0；

g）以吸光值（$A_i - A_0$）为纵坐标，氨—氮浓度（mg/L）为横坐标，绘制标准曲线。

36.1.5.2　水样测定

按以下步骤测定样品：

a）移取35.0 mL 已过滤水样，置于50 mL 具塞比色管中；

b）按照36.1.5.1.c）～36.1.5.1.f）步骤测定水样的吸光度 A_w；

c）同时取35.0 mL 无氨海水（见36.1.3.11），置于50 mL 具塞比色管中，按水样测定步骤测定分析空白吸光度 A_b；

d）查标准曲线或用线性回归方程计算水样中氨氮浓度（mg/L）。

36.1.6　记录与计算

将测试结果记入表 A.16 及表 A.3 中，并按以下不同情况计算水样氨-氮的浓度：

a）测定海水样品，若绘制标准曲线用盐度相近的无氨海水时，可由 $A_w - A_b$ 值查标准曲线直接得出氨氮浓度（mg/L）；

b）对于海水或河口区水样，若绘制标准曲线时，用无氨蒸馏水，则水样的吸光度 A_w 扣除分析空白吸光度 A_b 后，还应根据所测水样的盐度乘上相应

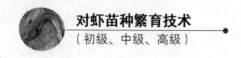

的盐误差校正系数 f（见表9），即据 f（A_w – A_b）值查标准曲线或用线性回归方程计算水样中氨-氮的浓度（mg/L）。

表9　盐误差校正系数表

S	0~8	11	14	17	20	23	27	30	33	36
盐效应校正系数 f	1.00	1.01	1.02	1.03	1.04	1.05	1.06	1.07	1.08	1.09

36.1.7　精密度和准确度

氨-氮浓度为 30 μg/L，90 μg/L，150 μg/L 的人工合成样品，重复性相对标准偏差为 1.2%，氨-氮浓度为 1 400 μg/L 的人工合成样品，再现性相对标准偏差为 4%，相对误差为 2.8%。

36.1.8　注意事项

本标准执行中应注意如下事项：

——除非另作说明，本方法所用试剂均为分析纯，水为无氨蒸馏水或等效纯水；

——水样经 0.45 μm 滤膜过滤后盛于聚乙烯瓶中。应从速分析，不能延迟 3 h 以上；若样品采集后不能立即分析，则应快速冷冻至-20℃。样品熔化后立即分析；测定中要避免空气中的氨对水样或试剂的沾污；

——若发现苯酚出现粉红色则必须精制，即：取适量苯酚置蒸馏瓶中，徐徐加热，用空气冷凝管冷却，收集 182~184℃ 馏分。精制后的苯酚为无色结晶状。在酚的蒸馏过程中应注意爆沸和火灾；

——样品和标准溶液的显色时间保持一致，并避免阳光照射；

——该法重现性好，空白值低，有机氮化物不被测定，但反应慢，灵敏度略低。

36.2　次溴酸盐氧化法

36.2.2　方法原理

在碱性介质中次溴酸盐将氨氧化为亚硝酸盐，然后以重氮—偶氮分光光度法测亚硝酸盐氮的总量，扣除原有亚硝酸盐氮的浓度，得氨氮的浓度。

36.2.3 试剂及其配制

36.2.3.1 铵标准贮备溶液（100 mg/L—N）：称取 0.471 6 g 硫酸铵 [（NH₄)₂SO₄ 预先在 110℃下干燥 1 h] 溶于少量水中，全量移入 1 000 mL 量瓶中，加水至标线，混匀。加 1 mL 三氯甲烷（CHCl₃），混匀。贮于 1 000 mL 棕色试剂瓶中，冰箱内保存。有效期半年。

36.2.3.2 铵标准使用溶液（10.0 mg/L-N）：移取 10.0 mL 铵标准贮备溶液（见 1）于 100 mL 量瓶中，加水至标线，混匀。临用前配制。

36.2.3.3 氢氧化钠溶液（400 g/L）：称取 200 g 氢氧化钠（NaOH）溶于 1 000 mL 水中，加热蒸发至 500 mL，盛于聚乙烯瓶中。

36.2.3.4 盐酸溶液（1+1）：将同体积盐酸（HCL，$\rho = 1.19$ g/mL）与同体积的水混匀。

36.2.3.5 溴酸钾-溴化钾贮备溶液：称取 2.8 g 溴酸钾（KBrO₃）和 20 g 溴化钾（KBr）溶于 1 000 mL 水中，贮存 1 000 mL 棕色试剂瓶中。

36.2.3.6 次溴酸钠溶液：量取 1.0 mL 溴酸钾-溴化钾贮备溶液（见 36.2.3.5）于 250 mL 聚乙烯瓶中，加 49 mL 水和 3.0 mL 盐酸溶液（36.2.3.4），盖紧摇匀，置于暗处。5 min 后加入 50 mL 氢氧化钠溶液（见 36.2.3.3），混匀。临用前配制。

36.2.3.7 磺胺溶液（2 g/L）称取 2.0 g 磺胺（NH₈SO₂C₆H₄NH₂），溶于 1 000 mL 盐酸溶液（见 36.2.3.4）中，贮存于棕色试剂瓶中。有效期为 2 个月。

36.2.3.8 盐酸萘乙二胺溶液：1.0 g/L 称取 0.50 g 盐酸萘乙二胺（C₁₀H₇NHCH₂CH₂NH₂·2HCl），溶于 500 mL 水中，贮存于棕色试剂瓶中，冰箱保存。有效期为 1 个月。

36.2.4　仪器及设备

仪器及设备如下：

——分光光度计；

——量瓶：容量 200 mL、100 mL、500 mL、1 000 mL；

——量筒：容量 50 mL、1 000 mL；

——具塞锥形瓶：容量 100 mL；

——烧杯：容量 50 mL、100 mL、500 mL、1 000 mL；

——试剂瓶：容量 1 000 mL；棕色 500 mL、1 000 mL；

——聚乙烯瓶：容量 250 mL、500 mL；

——聚乙烯洗瓶：容量 500 mL；

——自动移液管：容量 1 mL、5 mL；

——吸气球；

——玻璃棒：直径 5 m，长 15 cm；

——实验室常备仪器及设备。

36.2.5　分析步骤

36.2.5.1　绘制工作曲线：

按以下步骤绘制标准曲线：

a）取 6 个 200 mL 量瓶，分别加入 0 mL、0.20 mL、0、40 mL、0.8 mL、1.20 mL、1.60 mL 铵标准使用溶液（见 36.2.3.2），加水至标线，混匀；

b）各加入 50.00 mL 上述溶液，分别置于 100 mL 具塞锥形瓶中；

c）各加入 5 mL 次溴酸纳溶液（见 36.2.3.6），混匀，放置 30 min；

d）各加入 5 mL 磺胺溶液（见 36.2.3.7），混匀，放置 5 min；

e）各加入 1 mL 盐酸萘乙二胺溶液（见 36.2.3.8），混匀，放置 15 min；

f）选 543 nm 波长，5 cm 测定池，以无氨蒸馏水作参比，测定吸光值 A_i，其中 0 浓度为 A_0，以吸光度 $A - A_0$ 为纵坐标，相应的浓度（mg/L）为横坐标，绘制工作曲线。

36.2.5.2 水样测定

按以下步骤测定样品：

a）量取 50.0 mL 已过滤的水样分别置于 100 mL 具塞锥形瓶中；

b）参照 36.2.5.1.c）–36.2.5.1.f）步骤测定水样的吸光度 A_{Ww}；

c）量取 5 mL 刚配制的次溴酸钠溶液（见 36.2.3.6）于 100 mL 具塞锥形瓶中，立即加入 5 mL 磺胺溶液（见 36.2.3.7），混匀。放置 5 min 后加 50 mL 水，然后加入 1 mL 盐酸萘乙二胺溶液（见 36.2.3.8），15 min 后测定分析空白的吸光度值 A_b。

36.2.6 记录与计算

将测得数据和水样中原有亚硝酸盐氮的浓度（mg/L），记入表 A.3 及表 A.4。由 A_W-A_b 查工作曲线或用线性回归方程计算水样中算公式：（NO_2–N）+（NH_3–N）的总浓度，按式（69）计算水样中氨氮浓度：

$$\rho(NH_3 - N) = N_{总} - \rho(NO_2 - N) \tag{69}$$

式中：

ρ（NH_3–N）——水样中氨氮的浓度，单位为毫克/升（mg/L）；

$N_{总}$——查工作曲线得氨氮（包括亚硝酸盐氮）的浓度，单位为毫克/升（mg/L）；

ρ（NO_2–N）——亚硝酸盐氮（见第 37 章）的浓度，单位为毫克/升（mg/L）。

36.2.7 精密度和准确度

相对标准偏差 1%；相对误差 0.4%。

36.2.8 注意事项

——除非另作说明，本法所用试剂均为分析纯，水为无氨蒸馏水或等效纯水；

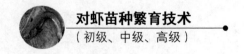

——水样经 0.45 um 滤膜过滤后贮于聚乙烯瓶中。分析工作不应延迟 3 h 以上，若样品采集后不能立即分析，则应快速冷冻至 -20℃ 保存，样品融化后立即分析；

——测定中要严防空气中的氨对水样、试剂和器皿的沾污；

——当水温高于 10℃ 时，氧化 30 min 即可，若低于 10℃ 时，氧化时间应适当延长；

——在条件许可下，最好用无氮海水绘制工作曲线；

——加盐酸萘乙二胺试剂后，必须在 2 h 内测定完毕，并避免阳光照射；

——该法氧化率较高，快速，简便，灵敏，但部分氨基酸也被测定。

37 亚硝酸盐——萘乙二胺分光光度法

37.1 适用范围和应用领域

本法适用于海水及河口水中亚硝酸盐氮的测定。

本方法为仲裁方法。

37.2 方法原理

在酸性介质中亚硝酸盐与磺胺进行重氮化反应，其产物再与盐酸萘乙二胺偶合生成红色偶氮染料，于 543 nm 波长测定吸光值。

37.3 试剂及其配制

37.3.1 磺胺溶液（10 g/L）称取 5 g 碘胺（$NH_2SO_2C_6H_4NH_2$），溶于 350 mL 盐酸溶液（1+6），用水稀释至 500 mL，盛于棕色试剂瓶中，有效期为 2 个月。

37.3.2 盐酸萘乙二胺溶液（1g/L）：称取 0.5 g 盐酸萘乙二胺（$C_{10}H_7NHCH_2CH_2NH_2 \cdot 2HCl$），溶于 500 mL 水中，盛于棕色试剂瓶中于冰箱内保存，有效期为 1 个月。

37.3.3 亚硝酸盐标准贮备溶液（100 μg/mL-N）：称取 0.492 6 g 亚硝酸钠（$NaNO_2$）经 110℃ 下烘干，溶于少量水中后全量转移入 1 000 mL 量瓶中，加水至标线，混匀。加 1 mL 三氯甲烷（$CHCl_3$），混匀。贮于棕色试剂瓶中于冰箱内保存，有效期为两个月。

37.3.4 亚硝酸盐氮标准使用溶液（5.0 μg/mL-N）：移取 5.00 mL 亚硝酸盐氮标准贮备溶液（见 37.3.3）于 100 mL 量瓶中，加水至标线，混匀。临用前配制。

37.4 仪器及设备

仪器及设备如下：

——分光光度计；

——量瓶：100 mL、1 000 mL；

——量筒：50 mL、500 mL；

——带刻度具塞比色管：容量 50 mL；

——烧杯：容量 100 mL、500 mL；

——棕色试剂瓶：容量 500 mL、1 000 mL；

——聚乙烯洗瓶：容量 500 mL；

——自动移液管：容量 1 mL；

——刻度吸管：容量 1 mL，5 mL；

——吸气球；

——玻璃棒：直径 5 mm，长 15 cm；

——一般实验室常备仪器和设备。

37.5 分析步骤

37.5.1 绘制标准曲线

按以下步骤绘

制标准曲线：

a）取 6 个 50 mL 具塞比色管，分别加入 0 mL，0.10 mL，0.20 mL，0.30 mL，0.40 mL，0.50 mL 亚硝酸盐标准使用溶液（见 37.3.4）加水至标线，

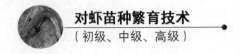

混匀。

b）各加入 1.0 mL 磺胺溶液（见 37.3.1），混匀。放置 5 min。

c）各加入 1.0 mL 盐酸萘乙二胺溶液（见 37.3.2）混匀。放置 15 min。

d）选 543 nm 波长，5 cm 测定池，以水作参比，测其吸光值 A_i。其中零浓度为标准空白吸光值 A_0。

e）以吸光值（$A_i - A_0$）为纵坐标，浓度（mg/L）为横坐标绘制标准曲线。

37.5.2　水样的测定

按以下步骤测定水样：

a）移取 50.0 mL 已过滤的水样于具塞比色管中；

b）按照 7.5.1.b ~ 7.5.1.d 步骤测量水样的吸光值 A_w；

c）量取 50.0 mL 二次去离子水，于具塞比色管中，按照 37.5.1.b）~ 37.5.1.d）步骤测量分析空白吸光值 A_b。

37.6　记录与计算

将测得数据记录于分析记录附录表 A.3 及表 A.4 中，按式（70）计算 A_n。

$$A_n = A_w - A_b \tag{70}$$

由 A_n 值查工作曲线或按式（71）计算水样中亚硝酸盐氮的浓度。

$$\rho(NO_2 - N) = \frac{An - a}{b} \tag{71}$$

式中：

ρ（NO_2-N）——水样中亚硝酸盐氮的浓度，单位为毫克/升（mg/L）；

A_n——水样中亚硝酸盐氮的吸光值；

a——标准曲线中的截距；

b——标准曲线中的斜率。

37.7　注意事项

本方法执行中应注意如下事项：

——除非另作说明，本方法所用试剂均为分析纯，水为无亚硝酸盐的二次蒸馏水或等效纯水；——水样可用有机玻璃或塑料采水器采集，经0.45微米滤膜过滤后贮于聚乙烯瓶中，应从速分析，不能延迟3 h以上，否则应快速冷冻至-20℃保存。样品融化后应立即分析；

——大量的硫化氢干扰测定，可以加入磺胺后用氮驱除硫化氢；

——水样加盐酸萘乙二胺溶液后，须在2 h内测量完毕，并避免阳光照射。

——温度对测定的影响不显著，但以10~25℃内测定为宜。

——标准曲线每隔一周须重制一次，当测定样品的实验条件与制定工作曲线的条件相差较大时，如更换光源或光电管、温度变化较大时，须及时重制标准曲线。

思考题：（初级工：1、2题，中级、高级工：1~5题）

1. 在育苗室如何观察水温温度计？

2. 如何测量育苗室水的比重？

3. 如何使用光学折射盐度计？

4. 如何使用pH计？

5. 请制作用于显微镜观察的水浸片。

6. 请用显微镜观察单胞藻。

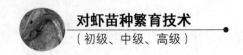

附　　录

附录1　筛绢网的国际标准号码及规格

筛绢网的国际标准

筛绢号数	每英寸网目	网目大小（毫米）	筛绢号数	每英寸网目	网目大小（毫米）	筛绢号数	每英寸网目	网目大小（毫米）	备注
0000	18	1.364	6	74	0.239	15	150	0.094	
000	23	1.024	7	82	0.224	16	157	0.086	1英尺＝12
00	29	0.754	8	86	0.203	17	163	0.081	英寸＝
0	38	0.569	9	97	0.163	18	166	0.079	0.305米＝
1	43	0.417	10	109	0.158	19	169	0.077	30.5厘米
2	54	0.366	11	116	0.145	20	173	0.076	1英寸＝
3	58	0.333	12	125	0.119	21	178	0.069	2.54厘米
4	62	0.313	13	129	0.112	25	200	0.064	
5	66	0.282	14	139	0.099				

筛绢号码及规格

型号	密度 （根/厘米）	孔径 （毫米，近似值）	型号	密度 （根/厘米）	孔径 （毫米，近似值）
NX103	103	0.055	GG20	7.48	1.014
NX95	95	0.063	GG22	8.27	0.922
NX79	79	0.069	GG24	9.06	0.836
NX73	73	0.079	GG26	9.84	0.753
SP58	61.81	0.075	GG28	10.63	0.701
SP56	59.05	0.085	GG30	11.12	0.652
SP50	52.76	0.099	GG32	12.2	0.603
SP45	47.64	0.11	GG34	13	0.567
SP42	44.14	0.116	GG36	13.78	0.529
SP40	42.12	0.126	GG38	14.56	0.498
SP38	40.16	0.132	GG40	15.36	0.463
XX6	29.13	0.21	GG42	15.59	0.449
XX7	32.28	0.193	GG44	16.73	0.424
XX8	33.86	0.181	GG46	17.52	0.403
XX9	38.19	0.156	GG48	16.3	0.38
XX10	42.91	0.137	GG50	19.09	0.366
XX11	45.67	0.124	GG52	19.83	0.331
XX12	49.25	0.108	GG54	20.67	0.346
XX13	50.78	0.11	GG56	21.46	0.331
XX14	54.73	0.099	GG58	22.24	0.326
XX15	59.06	0.087	GG60	22.83	0.303
XX16	41.81	0.083	GG62	23.62	0.292
GG18	6.89	0.132	GG64	24.41	0.278

注：1. GG、XX 为经纬交织，SP. 目为平织，易平行。

2. GG、XN、XX 宽幅为 140 厘米，SP 宽幅近 130 厘米。

附录2 国家禁用渔药清单

国家禁用渔药清单

序号	药物名称	英文名	别名
1	孔雀石绿	*Malachite green*	碱性绿
2	氯霉素及其盐、酯	*Chloramphenicol*	
3	己烯雌酚及其盐、酯	*Diethylstilbestrol*	已烯雌酚
4	甲基睾丸酮及类似雄性激素	*Methyltestosterone*	甲睾酮
5	硝基呋喃类（常见如）		
6	呋喃唑酮	*Furazolidone*	痢特灵
7	呋喃它酮	*Furaltadone*	
8	呋喃妥因	*Nitrofurantoin*	呋喃坦啶
9	呋喃西林	*Furacilinum*	呋喃新
10	呋喃那斯	*Furanace*	P—7138
11	呋喃苯烯酸钠	*Nifurstyrenate sodium*	
12	卡巴氧及其盐、酯	*Carbadox*	卡巴多
13	万古霉素及其盐、酯	*Vanomycin*	
14	五氯酚钠	*Pentachlorophenol sodium*	PCP 钠-
15	毒杀芬	*Camphechlor（ISO）*	氯化崁烯
16	林丹	*Lindane 或 Gammaxare*	丙体六六六
17	锥虫胂胺	*Tryparsamide*	

序号	药物名称	英文名	别名
18	杀虫脒	*Cholrdimeform*	克死螨
19	双甲脒	*Amitraz*	二甲苯胺脒
20	呋喃丹	*Carbofuran*	克百威
21	酒石酸锑钾	*Antimony potassium tartrate*	
22	各种汞制剂		
23	氯化亚汞	*Calomel*	甘汞
24	硝酸亚汞	*Mercurous nitrate*	
25	醋酸汞	*Mercuric acetate*	乙酸汞
26	喹乙醇	*Olaquindox*	喹酰胺醇
27	环丙沙星	*Ciprofloxacin*	环丙氟哌酸
28	红霉素	*Erythromycin*	
29	阿伏霉素	*Avoparcin*	阿伏帕星
30	泰乐菌素	*Tylosin*	
31	杆菌肽锌	*Zinc bacitracin premin*	枯草菌肽
32	速达肥	*Fenbendazole*	苯硫哒唑
33	磺胺噻唑	*Sulfathiazolum ST*	消治龙
34	磺胺脒	*Sulfaguanidine*	磺胺胍
35	地虫硫磷	*Fonofos*	大风雷
36	六六六	*BHC（HCH）* 或 *Benzem*	
37	滴滴涕	*DDT*	
38	氟氯氰菊酯	*Cyfluthrin*	百树得
39	氟氰戊菊酯	*Flucythrinate*	保好江乌

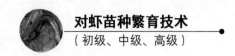

附录3　育苗生产常用度量单位中英文对照及单位换算

育苗生产常用度量单位中英文对照及单位换算

类别	中文名称	英文缩写	常用单位换算
长度	米、分米、厘米、毫米、微米	m、dm、cm、mm、μm	1m = 10dm、1dm = 10cm、1cm = 10 mm、1mm = 1 000μm
面积	公顷、平方米、亩	hm^2、m^2、亩	$Hm^2 = 10\ 000m^2 = 15$ 亩 1 亩 ≈ 667 m^2
体积/容积	立方米、立方分米（升）、立方厘米（毫升）	m^3、dm^3（L）、cm^3（ml）	$1m^3 = 1\ 000\ dm^3$（L） $1dm^3 = 1\ 000\ cm^3$（ml）
重量	吨、公斤、克、毫克、微克	t、kg、g、mg、μg	1t = 1 000kg，1kg = 1 000g 1g = 1 000mg，1mg = 1 000μg
浓度	百万分之一（毫克/升、克/吨）	ppm（mg/L、g/t）	1ppm = 1mg/L = 1g/t
盐度	每 1 千克海水中溶解无机盐类的克数（千分之一）		‰，通常省略不写

类别	中文名称	英文缩写	常用单位换算
海水比重	在大气压力下具有某温度的海水密度与4℃蒸馏水密度（为1）的比值		无单位。与盐度的近似换算式： 测定时水温高于17.5℃： $S（‰）= 1\ 305（a_t-1）+ 0.3（t-17.5）$ 测定时水温低于17.5℃： $S（‰）= 1\ 305（a_t-1）- 0.2（17.5-t）$ 其中：S 为盐度 a_t：水样密度
照度	勒克司	Lux 或 Lx	

注：为便于计算，生产上水（包括海水和淡水）的比重通常按约等于1计算。即1立方米等于1吨、1立方分米等于1升、1立方厘米等于1毫升。

参考文献

陈水春，李军勇，赵红霞．2009．南美白对虾实用养殖技术［M］．广州：广东科技出版社．

范兆庭．2005．水产动物育种学．北京，中国农业出版社．

蒋庆堂，李建国，等．1996．职业技能鉴定教材、职业技能鉴定指导编审委员会：对虾育苗工（职业技能鉴定教材）［M］．北京：中国劳动出版社．

李健，牟乃海，孙修涛，等．2001．无特定病原中国对虾种群选育的研究［J］．海洋科学，25（12）：30-33．

李清，江育林，徐立蒲．2014．水生动物检疫实验室技术培训教材［M］．北京：中国农业出版社．

李色东，陈刚，宋盛宪．2009．南美白对虾健康养殖技术［M］．北京：化学工业出版社．

林东年，莫振明．2005．凡纳滨对虾无特定病原育苗试验［J］．海洋渔业，27（1）：55-59．

刘宏良，杨伟，黄天文，等．2004．南美白对虾养殖技术之一南美白对虾SPF健康苗种工厂化培育技术［J］．中国水产，10：54-55．

刘瑞玉，锺振如，等．1986．南海对虾类．北京：农业出版社

麦贤杰，黄伟健，叶富良．2008．对虾健康养殖学［M］．北京：海洋出版社．

闵信爱．2002．南美白对虾养殖技术［M］．北京：金盾出版社．

齐遵利，张秀文．2009．水产养殖技术·对虾健康养殖技术［M］．石家庄：
  河北科学技术出版社．

宋盛宪，何建国，翁少萍．2006．斑节对虾养殖［M］．北京：海洋出版社．

宋盛宪，李色东，陈丹，等．2013．南美白对虾健康养殖技术．北京：化学工
  业出版社．

宋晓玲，黄健．2006．无特定病原（SPF）对虾种群的选育及应用［J］．现代
  渔业，6：17-20．

王克行，俞开康．1999．对虾健康养殖新技术问答［M］．北京：农业出版
  社．

王克行．1999．虾蟹增养殖学．北京：农业出版社．

吴琴瑟，梁华芳．2012．南美白对虾规模化健康养殖技术［M］．北京：农业
  出版社．

厦门市海洋与渔业局编印．2014．《水产品质量安全法律法规汇编》、《最高人
  民法院、最高人民检察院关于办理危害食品安全刑事案件适用法律若干问
  题的解释》．

阎斌伦，肖友红，徐国成，等．2004．全国农业职业技能培训教材《海水水生
  动物苗种繁育技术》［M］．北京：农业出版社．

杨丛海，黄健．2003．对虾无公害健康养殖技术［M］．北京：农业出版社．

CARPENTER N，BROCK JA．1992．Growth and survival of virus-in-fected and
  SPF Penaeus vannameion a shrimp farm in Hawaii［M］// FULKSW，MAIN K
  L．Diseases of Cultured Penaeid Shrimp in Asia and the United States．The Oce-
  anic Institute，Waimanalo，Hawai，285-294．

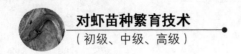
LOTZ JM. 1997. Disease control and pathogen status assurance in an SPF－based shrimp aquaculture industry, with particular reference to the United States ［M］//FLEGEL TW, MACRAE IH. Diseases in Asian Aquaculture III. Fish Health Section. Asian Fisheries Society, Manila, the Philippines, 243-254.

WYBAN JA, SWINGLE J S, SWEENEY JN, et al. , 1993. Specific pathogen free Penaeus vannamei ［J］. World Aquaculture, 1993, 24：39-45.

WYBAN JA, SWINGLE JS, SWEENEY JN, et al. , 1992. l Development and commercial performance of high health shrimp using specific pathogen free（SPF） broodstock Penaeus vannamei ［C］//WYBAN J A. Proceedings of the Special Session on Shrimp Farming. World Aquaculture Society, Baton Rouge, Louisiana, 254-260.

W. Dall, B. J. Hill, P. C. Rothlisberg, D. J. sharples. 1992. 陈楠生、李正新、刘恒等译：对虾生物学 ［M］. 青岛：青岛海洋大学出版社.